国之重器出版工程

网络强国建设

5G丛书

5G 在智能电网中的应用

Application of 5G in Smart Grid

陶志强 王 劲 汪梦云 著

U0352767

人民邮电出版社

北 京

图书在版编目（ＣＩＰ）数据

5G在智能电网中的应用 / 陶志强，王劲，汪梦云著
. -- 北京 ：人民邮电出版社，2019.12
（国之重器出版工程·5G丛书）
ISBN 978-7-115-52267-2

Ⅰ．①5… Ⅱ．①陶… ②王… ③汪… Ⅲ．①无线电
通信－移动通信－通信技术－应用－智能控制－电网－研
究 Ⅳ．①TM76

中国版本图书馆CIP数据核字(2019)第217347号

内 容 提 要

本书简述了 5G 的概述、业务场景、系统架构及关键技术以及 5G 产业发展、行业应用及行业前景；并重点介绍了智能电网概述、5G 承载电力业务的基本概念及定义、5G 在智能电网的应用场景及价值、5G 智能电网整体解决方案、5G 商业模式探讨以及 5G 技术发展在智能电网中应用的总结与展望。

全书语言通俗易懂，架构清晰，适合移动通信、电力能源两大领域的相关人士阅读。

◆ 著　陶志强　王　劲　汪梦云
责任编辑　赵　娟
责任印制　杨林杰

◆ 人民邮电出版社出版发行　北京市丰台区成寿寺路 11 号
邮编　100164　电子邮件　315@ptpress.com.cn
网址　http://www.ptpress.com.cn
固安县铭成印刷有限公司印刷

◆ 开本：720×1000　1/16
印张：15.5　　　　　　　　　　2019 年 12 月第 1 版
字数：287 千字　　　　　　　　2019 年 12 月河北第 1 次印刷

定价：128.00 元

读者服务热线：(010)81055493　印装质量热线：(010)81055316
反盗版热线：(010)81055315

专家委员会委员（按姓氏笔画排列）：

于　全　中国工程院院士

王少萍　"长江学者奖励计划"特聘教授

王建民　清华大学软件学院院长

王哲荣　中国工程院院士

王　越　中国科学院院士、中国工程院院士

尤肖虎　"长江学者奖励计划"特聘教授

邓宗全　中国工程院院士

甘晓华　中国工程院院士

叶培建　中国科学院院士

朱英富　中国工程院院士

朵英贤　中国工程院院士

邬贺铨　中国工程院院士

刘大响　中国工程院院士

刘怡昕　中国工程院院士

刘韵洁　中国工程院院士

孙逢春　中国工程院院士

苏彦庆　"长江学者奖励计划"特聘教授

苏哲子　中国工程院院士

李伯虎　中国工程院院士

李应红　中国科学院院士

李新亚　国家制造强国建设战略咨询委员会委员、
中国机械工业联合会副会长

杨德森　中国工程院院士

张宏科　北京交通大学下一代互联网互联设备国家
工程实验室主任

陆建勋　中国工程院院士

陆燕荪　国家制造强国建设战略咨询委员会委员、原
机械工业部副部长

陈一坚　中国工程院院士

陈懋章　中国工程院院士

金东寒　中国工程院院士

周立伟　中国工程院院士

郑纬民　中国计算机学会原理事长

郑建华　中国科学院院士

屈贤明　国家制造强国建设战略咨询委员会委员、工业和信息化部智能制造专家咨询委员会副主任

项昌乐　"长江学者奖励计划"特聘教授，中国科协书记处书记，北京理工大学党委副书记、副校长

柳百成　中国工程院院士

闻雪友　中国工程院院士

徐德民　中国工程院院士

唐长红　中国工程院院士

黄卫东　"长江学者奖励计划"特聘教授

黄先祥　中国工程院院士

黄　维　中国科学院院士、西北工业大学常务副校长

董景辰　工业和信息化部智能制造专家咨询委员会委员

焦宗夏　"长江学者奖励计划"特聘教授

本书编委会

洪丹轲　中国南方电网电力调度控制中心

黄　昱　中国南方电网电力调度控制中心

张国翊　中国南方电网电力调度控制中心

周建勇　深圳供电局有限公司

丘国良　深圳供电局有限公司

毛为民　广州供电局有限公司

衷宇清　广州供电局有限公司

孙　磊　广州供电局有限公司

王　维　广州供电局有限公司

王　浩　广州供电局有限公司

李伟坚　广东电网有限公司

施　展　广东电网有限公司

吴赞红　广东电网有限公司

杨　鹏　　中国移动通信集团有限公司政企客户分公司

周　茉　　中国移动通信集团有限公司政企客户分公司

崔旭升　　中国移动通信集团有限公司政企客户分公司

孙晓文　　中国移动通信集团有限公司研究院

胡玉双　　中国移动通信集团有限公司研究院

郝晶晶　　华为技术有限公司

王　健　　华为技术有限公司

龚晋华　　华为技术有限公司

杨晓华　　华为技术有限公司

黄伟如　　广东省电信规划设计院有限公司

陈学军　　广东省电信规划设计院有限公司

林柔丹　　广东省电信规划设计院有限公司

李　盟　　广东省电信规划设计院有限公司

张皓月　　广东省电信规划设计院有限公司

李家樑　　广东省电信规划设计院有限公司

前 言

5G 是移动通信技术发展演进的一个转折点。 5G 之前，移动通信在用户层面重点瞄准的是个人用户；在架构层面重点向扁平化演进；在技术层面重点解决带宽提升的问题；在业务层面重点深耕了互联网宽带的应用。在经历了移动互联网、流量经营的蓬勃发展后，时至今日，过去的"连接—流量"红利已逐步消失，5G 需要寻求新的价值点，业界均把这个价值点指向垂直行业的应用及业务拓展。从这个角度看，5G 在用户、架构、技术、业务层面均带来了新的转折点。在用户层面，将更多面向垂直的行业进行深耕；在架构层面，将是网络架构面向软件定义网络（Software Defined Network，SDN）、网络功能虚拟化（Network Function Virtualization，NFV）的整体重构，以更好地支撑行业专网服务；在技术层面，除了大带宽业务的持续优化外，更多地聚焦在低时延、高可靠、大连接等具有物联网特色的需求上；在业务层面，更是进一步探索与行业结合后的业务创新。**总之，移动通信发展至今，已不再是"手机用户—传统电信运营商—通信设备厂商"三点一线的封闭环，而是更加开放地面向社会各行各业，与通信行业一起创造更大的价值。**

在当前阶段，3GPP R15 版本的锁定已为 5G 解决大带宽场景提供了相对成熟的技术支持；2020 年，面向个人客户的大带宽场景前景乐观。因此，我们认为，**当前 5G 最迫切需要解决而又未能很好解决的是如何与行业深度融合进行**

业务创新。一方面发挥网络切片的技术优势，实现行业基于 5G 的应用创新及能力提升；另一方面也可以挖掘电信业新的商业模式和增值服务。

然而，实现 5G 与行业的深度融合谈何容易！完成此项工作需要技术推动及产业推动两大力量，缺一不可。在技术方面，需要谙熟运营商、垂直行业的业务、网络、技术、维护、管理、行业规则等多方面的综合情况，提供跨界的知识服务；在产业方面，在 5G 前期众多的应用创新浪潮中，我们最为看好的是"5G+电力能源""5G+车联网"两大领域。前者产业集中，有足够的推动力；后者在于产业规模足够大，有足够的市场空间。

聚焦在电力行业，随着泛在电力物联网的概念提出，以及国家电网提出的"坚强智能电网"+"泛在电力物联网"的战略目标，**未来电力通信技术的发展将迎来新一轮的浪潮。**智能电网的发展迫切需要构建安全可信、接入灵活、双向实时互动的"泛在化、全覆盖"配电通信接入网，并采用先进、可靠、稳定、高效的新兴通信技术及系统予以支撑，**从简单的业务需求被动满足转变为业务需求主动引领**，实现智能电网业务接入、承载、安全及端到端的自主管控。而 5G 作为电力物联网的新技术手段之一，将如何与其他技术协同发展，是当前备受关注的领域。

本书的编制团队，有幸拥有跨界服务运营商及电力行业的机缘，长期深耕移动通信网络规划设计咨询及电力通信信息化两大领域。**本书的编制初衷并不在于翻译外国文献、做技术科普，而是结合我们在移动通信、电力能源两大领域的实践经验，分享我们对 5G 技术发展、智能电网两大领域的粗浅理解，并就 5G 如何与电力融合发展进行系统化的思考，希望对读者有所启发。**

最后，非常感谢中国移动、南方电网、华为等专家团队的鼎力支持，以及每位在背后默默支持作者的亲人们。

中国南方电网电力调度控制中心副主任

杨俊权

2019 年 10 月 22 日

目 录

第1章
5G 概述

第五代移动通信是指第五代移动通信标准，也称第五代移动通信技术（Fifth-Generation，5G）。相比于以往的蜂窝网络，5G 网络将提供更大的带宽、更低的时延、更强的连接能力，实现更丰富的业务、更广泛的连接、更高质量的网络，将驱动整个科技的发展和人们生活方式的变革。

|1.1　5G 技术背景 |

第一代移动通信系统（1G）是模拟式通信系统，模拟式是代表在无线传输采用模拟调制，将介于 300Hz 到 3400Hz 的语音转换到高频载波上。模拟通信时代的典型终端就是大家所熟知的"大哥大"。当时一部"大哥大"的售价为 21000 元，除了手机价格昂贵以外，手机网络的价格也让普通老百姓望而却步。当时的入网费高达 6000 元，每分钟通话资费也有 0.5 元。

从 1G 到 2G 的分水岭是从模拟调制进入数字调制，第二代移动通信具备高度保密性的同时能够提供多种业务服务，从这一代开始手机也可以上网了。第一款支持无线应用通信协议（Wireless Application Protocol，WAP）的全球移动通信系统（Global System for Mobile Communication，GSM）手机是诺基亚 7110，这标志着手机上网时代的开始。

第三代移动通信标准（3G）由国际电信联盟发布，存在 4 种标准模式：CDMA2000[1]、WCDMA[2]、TD-SCDMA[3]、WiMAX[4]。在 3G 的众多标准中，CDMA 这个字眼曝光率最高，并成为第三代移动通信系统的技术基础。

1　CDMA（Code Division Multiple Access，码分多址）。

2　WCDMA（Wideband Code Division Multiple Access，宽带码分多址）。

3　TD-SCDMA（Time Division Synchronous Code Division Multiple Access，时分同步码分多址）。

4　WiMAX（Worldwide Interoperability for Microwave Access，全球互通微波访问）。

第四代移动通信标准（4G）包括 TDD-LTE[1] 和 FDD-LTE[2] 两种制式，能够快速传输数据、音频、视频和图像等内容。4G 能够以 100Mbit/s 以上的速率下载，此外，4G 可以在 DSL[3] 和有线电视解调器没有覆盖的地方部署。

第五代移动通信标准（5G），即 4G 之后的延伸，按照业内初步估计，未来 5G 将在以下 3 个方面有重大提升。

（1）提供更多的业务场景

相比于 4G 以人为中心的移动宽带网络，5G 网络将实现真正的"万物互联"，从人与人通信延伸到物与物、人与物的智能互联，使移动通信技术渗透至更加广阔的行业和领域。

（2）提供更强的网络承载能力

相对 4G，5G 主要采用了更大的频谱宽度（100MHz），通过引入高阶调制、大规模天线技术（Massive Multiple-Input Multiple-Output，Massive MIMO）、面向低密度奇偶校验码（Low Density Parity Check Code，LDPC）等手段，整体频谱效率提升了 3 倍。

（3）更安全开放的行业专网服务

由于引入了网络功能虚拟化（Network Function Virtualization，NFV）、软件定义网络（Software Defined Network，SDN）等技术，5G 相关网络功能可以对外开放各种能力，实现行业对自身通信业务的连接管理、设备管理、业务管理、专用网络切片管理、认证和授权管理等，可以更好地支撑行业对公网业务的运维管理。移动通信技术发展如图 1-1 所示。

1　TDD-LTE（Time Division DupLexing-Long Term Evolution，时分双工长期演进技术）。

2　FDD-LTE（Frequency Division Duplexing-Long Term Evolution，频分双工长期演进技术）。

3　DSL（Digital Subscriber Line，数字用户线路）。

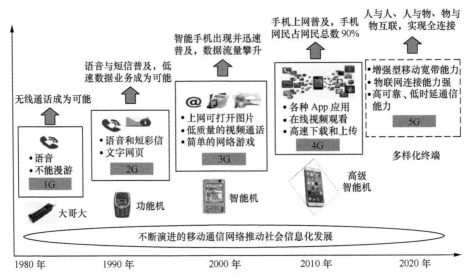

图 1-1 移动通信技术发展

|1.2 5G 标准及相关组织介绍|

1.2.1 标准组织

5G 标准制定需要经过一系列正规的流程，涉及国际电信联盟（International Telecommunication Union，ITU）、第 3 代合作伙伴计划（Third Generation Partnership Project，3GPP）、移动通信网（Next Generation Mobile Networks，NGMN）以及主要分布在各个国家（地区）的 5G 推进组织。

5G 标准制定首先要通过 ITU 来进行"顶层设计"，ITU 提出了 5G 正式名称为"IMT-2020"、5G 的愿景"为用户提供光纤般的接入速率，'零'时延的使用体验，千亿设备的连接能力"等。ITU 是规则制定者，制定 5G 的需求和指标，组织评估 5G 技术，最后宣布结果。《IMT 愿景：5G 架构和总体目标》《IMT-2020 技术性能指标》等一系列"规矩"就是 ITU 来发布的。

在 ITU 给出的统一的标准框架下，3GPP 制定更加详细的技术规范和产业标准，规范产业行为，它制定的 5G 标准最终要通过 ITU 的审核才能正式发布。

在标准的制定过程中，3GPP 还会接受一些主要国家标准组织的需求和技术提议，并接受评估。这些组织包括下一代移动通信网（Next Generation Mobile Networks，NGMN）、IMT-2020（5G）（国内主导的 5G 推进组）、5G Americas（原来的 4G Americas）、5G PPP（欧盟于 2013 年宣布成立的 5G 研究组织）、5G MF（日本的 5G 论坛）、 5G Forum（韩国的 5G 论坛）等。5G 相关标准组织的整体关系如图 1-2 所示。

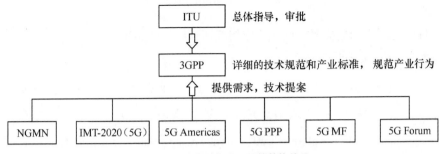

图 1-2　5G 相关标准组织的整体关系

1.2.1.1　ITU

国际电信联盟是联合国的一个重要的专门机构，也是联合国机构中历史最长的一个国际组织，简称"国际电联""电联"或"ITU"。

国际电联是主管信息通信技术事务的联合国机构，负责分配和管理全球无线电频谱与卫星轨道资源，制定全球电信标准，向发展中国家提供电信援助，促进全球的电信发展。

作为世界范围内联系各国政府和私营部门的纽带，国际电联通过其麾下的无线电通信、标准化和电信发展部门开展活动，同时它也是信息社会世界高峰会议的主办机构。

ITU 的组织结构主要分为无线电通信部门（ITU-R）、电信标准化部门（ITU-T）和电信发展部门（ITU-D）。ITU 每年召开 1 次理事会；每 4 年召开 1 次全权代表大会、世界电信标准大会和世界电信发展大会；每 2 年召开 1 次世界无线电通信大会。ITU 的组织结构简介如图 1-3 所示。

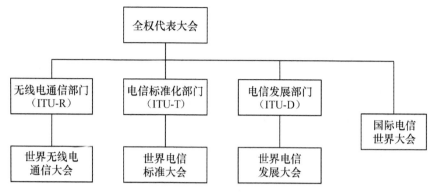

图 1-3　ITU 组织结构简介

ITU-R 是国际电信联盟的无线电组织，该组织制定了 5G 的法定名称"IMT-2020"，即希望 5G 在 2020 年可以实现商用，并制定了 5G 的愿景，即 5G 网络可以实现三大应用场景：第一类是增强型的移动宽带场景（Enhanced Mobile Broadband，eMBB），要求网络峰值流速达到 10Gbit/s；第二类是超高可靠超低时延场景（ultra Reliable Low Latency Communications，uRLLC）；要求网络端到端只需 1ms 时延；第三类就是海量连接的物联网业务场景（Massive Machine Type Communications，mMTC），要求每平方千米有 100 万个设备连接。

1.2.1.2　3GPP

1998 年 12 月，多个电信标准组织伙伴签署了《第三代伙伴计划协议》，于是，3GPP 组织成立了。随后，1999 年 6 月，中国通信标准化协会（CCSA）也加入了 3GPP。3GPP 最初的工作是为第三代移动通信系统制定全球适用的技术规范和技术报告，随后继续负责 4G、5G 标准制定的工作。

3GPP 三个技术规范组（TSG）下分为无线接入网（Radio Access Network，RAN）、业务与系统（Service & Systems Aspects，SA）以及核心网和终端（Core Network & Terminals，CT）三大领域。每个领域下面分为多个小组，共有 16 个小组。其中，RAN 负责无线接入网络相关的内容；SA 主要负责业务和系统概念等相关的内容；CT 负责核心网和终端等相关的内容。3GPP 技术规范组三大领域及小组如图 1-4 所示。

无线接入网络（RAN） 定义用户设备 与核心网的无线通信	业务与系统（SA） 负责整体架构与业务能力	核心网与终端（CT） 负责核心网 定义终端接口与能力
RAN WG1 Layer1（物理）规范	SA WG1 业务需求	CT WG1 移动性管理，呼叫控制，会话管理
RAN WG2 Layer2 及 Layer3（RR）协议	SA WG2 架构	CT WG3 政策，服务质量与网络互通
RAN WG3 接入网络口 + O & M	SA WG3 安全	CT WG4 网络协议
RAN WG4 性能要求	SA WG4 编解码器，多媒体系统	CT WG6 智能卡应用
RAN WG5 用户设备一致性测试	SA WG5 电信管理	
RAN WG6 前代 RAN，如 GSM、HSPA	SA WG6 关键业务服务	

图 1-4　3GPP 技术规范组三大领域及小组

3GPP 的标准演进工作是以 GSM 为基础进行的，成功地实现了从 2G 到 3G、4G 和 4.5G 的演进，对应协议版本也从 R99 演进到 R13、R14。目前，3GPP 正在抓紧进行 5G 标准的制定。3GPP 的标准演进如图 1-5 所示。

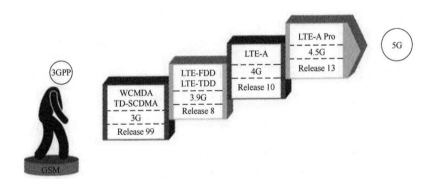

图 1-5　3GPP 的标准演进

3GPP 作为一个全球标准化组织，考虑到之前 3G 和 4G 标准不统一带来的各种业务和产业发展的问题，所以在 5G 标准制定之初，充分考虑到未来业务

全球漫游和规模经济带来的益处，3GPP 就对 5G 提出了全球统一标准的要求。

2017 年 2 月，巴塞罗那展会上 3GPP 正式宣布启动 5G 的标准进程。目前，侧重 eMBB 业务场景的 R15 版本已经于 2018 年 6 月冻结；侧重于 uRLLC 和 mMTC 业务场景的 R16 版本计划于 2020 年 3 月完成冻结。

1.2.1.3 其他标准组织

NGMN 作为下一代移动通信网络联盟，是由全球八大移动通信运营商在 2006 年发起成立的，对于 5G 场景、需求、架构和关键技术都有专门的小组研究讨论，研究成果以白皮书的形式定期发布，并且供 3GPP 等标准化组织参考。它对 5G 的愿景是一个端到端的、全移动的、全连接的生态系统，而且要做到信息随心至、万物触手及。

IMT-2020（5G），即我国的 5G 标准推进组织。我国于 2013 年 2 月成立了 IMT-2020（5G）推进组，旨在聚合中国"产、学、研、用"力量来推动中国 5G 技术研究和开展国际交流与合作的主要平台。2017 年 5 月，IMT-2020（5G）推进组发布了《5G 愿景与需求白皮书》。2018 年 5 月，IMT-2020（5G）推进组发布了《5G 无线技术架构白皮书》和《5G 网络技术架构白皮书》。2018 年 5 月发布的这两本白皮书分别从无线空口技术和网络架构两个方面给出了国内公司关于 5G 的一些技术观点。其中，无线空口技术包括大规模天线、超密集组网、高频通信以及新型多址等。并且 IMT-2020（5G）负责我们国内 5G 的三个阶段的测试：2016 年，第一阶段主要针对 5G 的单个技术进行测试；2017 年，第二阶段主要针对 5G 的系统测试；2018 年 2 月，第三阶段主要是测试 5G 的预商用设备的系统部署情况。IMT-2020（5G）标准体系如图 1-6 所示。

5G Americas 由 4G Americas 演进而来，它是美国的 5G 标准推进组织。

欧盟于 2014 年 1 月正式推出了 5G 公私合作伙伴关系（5G Public-Private Partnership，5G PPP）项目，由政府出资管理项目吸引民间企业和组织参加，计划在 2014—2020 年投资 7 亿欧元，拉动企业投资 5~10 倍的规模。这种机制类似我国的重大科技专项。5G PPP 计划发展 800 个成员，包括信息通信技术（Information and Communication Technology，ICT）的各个领域：无线 / 光通信、物联网、IT（虚拟化、SDN、云计算、大数据）、软件、安全、终端和智能卡等。

5G MF 即第五代移动通信促进论坛，是日本的 5G 标准化组织。5G MF 的目标是进行关于第五代移动通信系统的研究和开发，旨在尽早实现它们。这些组织都旨在促进电信使用的良好发展。

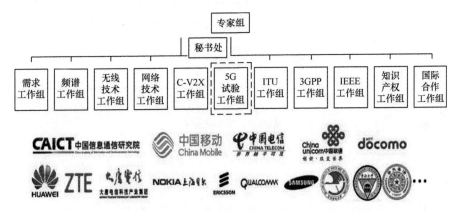

图 1-6　IMT-2020（5G）标准体系

5G Forum 即 5G 技术论坛，是韩国的 5G 标准化组织。韩国从 2013 年开始研发 5G 技术，成立了 5G Forum，积极推动 6GHz 以上频段为未来 IMT 频段，韩国计划以 2020 年实现该技术的商用为目标，全面研发 5G 移动通信核心技术。

电气和电子工程师协会（Institute of Electrical and Electronics Engineers，IEEE）是一个国际性的电子技术与信息科学工程师的协会，是目前全球最大的非营利性专业技术学会。IEEE 致力于电气、电子、计算机工程与科学有关领域的开发和研究。在太空、计算机、电信、生物医学、电力及消费性电子产品等领域，TEEE 已制定了 900 多个行业标准。2018 年年底，IEEE 宣布 IEEE 802.1CM-2018《用于（5G）前传的时间敏感网络》标准正式发布。该标准是第一个用于通过分组网络，尤其是通过 IEEE 802.3 以太网，将蜂窝网络的无线设备连接到其远程控制器的可用 IEEE 标准。

1.2.2　5G 标准发展

5G 的版本主要是 R15 和 R16。R15 标准以大带宽为主，已经于 2018 年 9

月冻结。R16 标准侧重低时延和大连接，计划将在 2020 年 3 月冻结。5G 标准进展如图 1-7 所示。

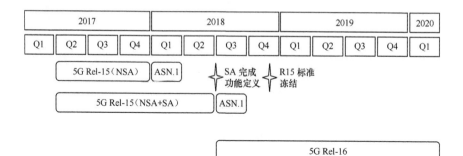

图 1-7　5G 标准进展

R15 阶段主要侧重 eMBB 场景标准制定，支持增强移动宽带和低时延高可靠物联网，完成网络接口协议。R15 作为第一个版本的 5G 标准，主要确定了 5G 商业化的相关标准技术，满足部分 5G 需求。R15 阶段又分为两个子阶段：第一个子阶段 5G 新空口（New Radio，NR）非独立组网特性已于 2017 年 12 月完成，于 2018 年 3 月冻结；第二个子阶段 5G NR 独立组网标准已于 2018 年 6 月完成，在 3GPP 第 80 次 TSG RAN 全会上，即 2018 年 9 月正式冻结。

2017 年确定的 5G NR 非独立组网标准（Non-Stand Alone，NSA），它是 R15 的一个阶段性成果。所谓非独立组网，即以现有的 LTE 接入以及核心网覆盖作为锚点，新增加 5G 无线组网接入标准。在这里，5G 仅仅是作为补充，大范围的网络应用依然是 4G，只是在一些热点地区，例如，奥运会赛场、CBD 等局部区域通过 5G 增加热点来提升网络速度和用户的感知、体验。5G 非独立组网标准作为 5G 标准的过渡方案，主要以提升热点区域带宽为主要目标，它没有独立的信令面，依托 4G 基站和核心网工作。虽然相对标准制定的进展较快，但是 5G 的性能和能力却会大打折扣。它解决的只是小范围的局部性的热点覆盖问题，但它满足了运营商利用现有 LTE 网络资源，实现 5G NR 快速部署的需求。

2018 年 6 月，3GPP 确定的 5G 第一阶段标准，完成了有关 5G 独立组网（Stand Alone，SA）的标准技术。独立组网标准的制定意味着 5G 整个网络的部署标准已趋向完善，这将引领产业界实现 5G 通信商业化，并作为核心基础设施为未来第四次产业革命服务。R15 是 5G 第一版商业化标准，能实现所有 5G 的新特征，有利于发挥 5G 的全部能力。R15 标准将侧重于支持 5G 三大场景中的增强型移动宽带（eMBB）场景，且 R15 标准是能够真正面向商用的 5G 标准，并将与 5G 最终版 R16 标准有一定协同性。

R16 标准是满足 ITU（国际电信联盟）全部要求的完整的 5G 标准，3GPP 计划于 2019 年 12 月完成，2020 年 3 月冻结，全面满足 eMBB、uRLLC、mMTC 等各种场景的需求。

R16 标准是真正意义上的、完整的 5G 标准，同时也是 5G 最终版标准。在这个阶段，3GPP 将完成全部标准化工作，并于 2020 年年初向 ITU 提交满足 ITU 需求的方案，以确保 2020 年 5G 标准正式批准生效。

第 2 章

5G 业务场景

本章对 5G 的三大应用场景进行了梳理，具体分析了 eMBB 增强型移动宽带、mMTC 大规模机器类通信、uRLLC 超高可靠低时延这三大业务场景的特点、适用的业务场景及网络性能指标，并总结了 5G 网络的四大技术优势，既满足垂直行业需求、支撑移动高清视频业务，又可支撑低时延类工业应用、实现行业对通信服务的可控。最后对比了 4G、5G 的性能指标，读者可对 5G 网络的能力有更直观的认识。

| 2.1   业务场景 |

国际电信联盟无线电通信局（ITU-R）确定了未来 5G 的三大应用场景：增强型移动宽带（eMBB）、大规模机器类通信（mMTC）、超可靠时延通信（uRLLC），如图 2-1 所示。这三大应用场景各自具有不同的特点。

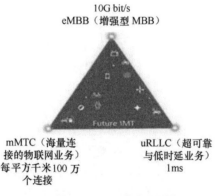

图 2-1   5G 三大应用场景

eMBB 是 5G 在 4G 移动宽带场景下的增强。目前，4G 的主流带宽为 20MHz，单个小区峰值速率为 150Mbit/s，而 5G 网络单个小区的吞吐量是 10Gbit/s，这个数据为 4G 的 60 倍以上，空口频宽达 100MHz~200MHz，有时这个数据甚至更高，单用户的接入带宽可与现在的光纤宽带网络接入相当。在连续广域覆盖的场景下，用户的体验速率为 100Mbit/s，移动性 500km/h；在热点较高容量覆盖场景下，用户体验速率为 1Gbit/s，峰值速率为 20Gbit/s，流量密度为 10Tbit/（s·km²）。

mMTC 主要用于以传感和数据采集为目标的应用场景，如物联网等。mMTC 具有数据包小、功耗低、连接海量等特点，可连接数密度为每平方千米 100 万个。这类终端分布范围广、数量众多，要求网络具备海量连接的支持能力。mMTC 可以促进物联网的提质增速，人类和机器、机器与机器间的交流将能够更加智能和快捷。

uRLLC 主要应对车联网、工业控制等垂直行业的特殊应用需求。为了应对无人驾驶、智能工厂等低时延高可靠应用，uRLLC 要求 5G 时延必须低于 1ms，可靠性达到 99.999%。这类应用需要网络对庞大的数据拥有超高速、低时延等的处理能力。例如，无人驾驶等业务（3G 响应时间为 100ms，4G 响应时间为 50ms，要求 5G 的响应时间为 1ms）。

| 2.2　5G 技术优势 |

2.2.1　更强的网络能力

相较于 4G，5G 主要采用了更大的频谱宽度（100MHz），通过引入高阶调制、MassiveMIMO、LDPC 等手段，5G 的整体频谱效率比 4G 提升了 3 倍。在大带宽场景下，单基站最大能达到 10Gbit/s；在低时延场景下，空口时延在 1ms 以内；在大连接场景下，连接密度达 $10^6/km^2$（4G 仅支持 1000 个连接 / 小区）。5G 与 4G 的综合参数对比见表 2-1。

表 2-1　5G 与 4G 的综合参数对比

对比项目	5G	4G
面向的场景	eMBB、uRLLC、mMTC 三大场景，从人与人的连接推广至人与物的连接	MBB 场景，主要面向人与人的连接

续表

对比项目		5G	4G
频率频谱	频段	2.6GHz、3.5GHz、4.9GHz、24GHz~30GHz 等	1.8G、2.6GHz 等
	频谱	100MHz、400MHz	20MHz、40MHz
	频谱效率	5G 是 4G 的 3 倍	
关键的网络能力	带宽	峰值速率可达 10Gbit/s	峰值速率 100Mbit/s~150Mbit/s
	空口时延	eMBB：4ms uRLLC：0.5ms	50ms~100ms
	连接密度	$10^6/km^2$	$10^3/km^2$

2.2.2 更多的业务场景

相比于 4G 以人为中心的移动宽带网络，5G 网络将实现真正的"万物互联"，从人与人通信延伸到物与物、人与物智能互联，使移动通信技术渗透至更为广阔的行业和领域。从传统以人为中心的服务拓展至以物为中心的服务。能源、车联网、工业控制等物联网行业的业务特征和对网络的需求差异巨大，传统网络的一种架构满足所有场景的设计模式已经难以满足 5G 时代新业务新能力的要求。

2.2.2.1 大带宽支撑移动高清视频应用

相较于 4G，5G 要解决的第一个问题就是提高网络速度。只有网络速度有了提升，用户体验与感受才会有提高，网络才能在面对虚拟现实技术（Virtual Reality，VR）/ 超高清业务时不受限制，对网络速度要求很高的业务才能被广泛推广和应用。因此，5G 的第一个突出的特点就是网络的传输速度。

其实，与之前的几代通信技术一样，确切地说，5G 的速度到底是多少，这是很难确认的，一方面，峰值速度和用户的实际体验速度不一样；另一方面，不同的技术在不同的时期，速率也会不同。对于 5G 的峰值速度要求不低于 10Gbit/s，当然这个速度是峰值速度，不是每个用户的体验速度。随着新技术的应用，这个速度还有提升的空间。10Gbit/s 这样一个速度，意味着用户可以每秒钟下载一部高清电影，也可以支持 VR 视频。这样的速度给未来对速度有很高要求的业务提供了无限的机会和可能。

2.2.2.2　低时延高可靠支撑工业控制应用

5G 的一个新场景是无人驾驶、工业自动化的高可靠连接。人与人之间进行信息交流，虽然 140ms 的时延是可以被用户接受的，但是如果这个时延用于无人驾驶、工业自动化等场景，恐怕就无法被用户接受。

无人驾驶汽车需要中央控制中心和汽车进行互联，车与车之间也应进行互联。在汽车高速度运行中，一个制动，需要把信息瞬间送到车上的中央控制中心，使其做出反应。在 100ms 左右的时间之内，汽车就会冲出几十米，这就需要在最短的时延中，把信息传送到汽车的中央控制中心，从而进行车控与制动。

无人驾驶飞机更是如此。如数百架无人驾驶的飞机编队在飞行时，极小的偏差就会导致飞机碰撞和事故，这就需要在极小的时延中，把信息传递给飞行中的无人驾驶飞机。在工业自动化设备运行的过程中，一个机械臂的操作，如需做到极精细化，保证工作的高品质与精准性，也是需要极小的时延，使设备能够及时做出反应。这些特征，在传统的人与人通信，甚至人与机器通信中，要求都没那么高，因为人的反应是需要时间的，也不需要达到机器那么高的效率与精细化的要求。而无论是无人驾驶飞机、无人驾驶汽车还是工业自动化，都是高速度运行的场景，还需要设备在高速中保证及时的信息传递和及时做出反应，这就对通信的时延提出了极高要求。

针对上述低时延的场景，5G 主要有降低空口时延、引入边缘计算两个解决方案。

1. 降低空口时延

移动通信的端到端网络时延包括无线空口、传输、核心网等处理环节。其中，无线空口是主要的时延消耗部分，针对工业中低时延的需求，5G 在 uRLLC 场景中提出，空口时延的最低要求是 1ms。

2. 引入边缘计算

5G 通过引入移动边缘计算（Mobile Edge Computing，MEC）的方式，实

现业务处理单元不同程度的下沉，最低可以旁挂在基站侧，这就可以大大减少由于长途传输带来的网络时延。

2.2.2.3　大连接支撑广域物联网业务应用

2018 年，中国移动的终端用户已经达到 14 亿。其中，这里的终端以手机为主。而通信业对 5G 的愿景是每平方千米，可以支撑 100 万个移动终端。未来可接入网络中的终端，不仅是我们今天使用的手机，还会有各种各样的终端。可以说，我们生活中的每个产品都有可能通过 5G 接入网络，也就是说，我们的眼镜、手机、衣服、腰带、鞋子都有可能接入网络，成为智能产品。家中的门窗、门锁、空气净化器、新风机、加湿器、空调、冰箱、洗衣机都可能进入智能时代，通过 5G 接入网络，我们的家庭成为智慧家庭。而生活中大量之前不可能联网的设备，例如，汽车、井盖、电线杆、垃圾桶这些公共设施，也将进入联网工作，可实现智能化管理。

值得注意的是，目前面向上述大规模的广域物联网连接技术较多，例如，NB-IoT、eMTC、LoRA、SigFox 等，而由国际标准组织（3GPP）定义的技术主要是 NB-IoT、eMTC，在标准演进上，有望最终融合 5G 的 mMTC 场景，向 5G 平滑演进。5G 将来的具体发展，让我们期待 3GPP R16 版本的制订结果（预计在 2020 年初锁定）。

2.2.3　更开放更安全的行业专网服务

由于引入了 NFV（网络功能虚拟化）、SDN（软件定义网络）等技术，5G 的网络形态从 4G 的专用硬件演变为通用服务器＋软件部署的方式，相关的网络功能可以通过运营商的统一能力开放平台，对外开放各种能力。例如，网络切片定制设计、规划部署、运行监控能力、用户的各类数据，以及通信终端或模组采集的各类数据，实现行业对自身通信业务的连接管理、设备管理、业务管理、专用网络切片管理、认证和授权管理等创新业务，从而更好地支持行业对公网业务的运维管理，实现行业对通信服务的可管可控。

同时，利用 5G 的"切片技术"，可以为每个行业虚拟出一个"无线专网"，进行更高强度的安全隔离，定制化分配资源，相比以往的移动通信技术，5G 可以更好地满足行业用户业务的安全性、可靠性和灵活性需求。端到端网络切片如图 2-2 所示。

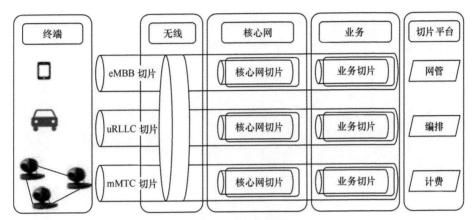

图 2-2　端到端网络切片

5G "无线专网" 内涵包括定制性、隔离专用性、分级服务保障、统一管理平台 4 个部分。

1. 定制性

运营商的 5G 网络能力、性能、接入方式、服务范围 / 部署策略可定制，有助于行业分步、按需、快速地开通业务。

2. 隔离 / 专用性

为不同切片提供特定使用资源的、数据访问策略及高可用性等保障，使不同切片之间相互隔离，互不影响。

3. 分级服务保障

提供按需采购、稳定可靠的连接服务。例如，时延、带宽、丢包、可靠性等指标进行分级保障。

4. 统一平台

5G 引入 SDN（软件定义网络）和 NFV（网络功能虚拟化）。实现软件与硬件的解耦，网络功能以虚拟网元的形式部署在统一的基础设施上，提升切片的管理效率，提供更为高效的行业服务。

第 3 章

5G 系统架构及关键技术

本章给出了 5G 的系统架构，介绍了服务化架构视图和参考点视图两种架构模型；梳理了 5G 网络的主要接口；深入浅出地介绍了 5G 网络主要网元功能；描述了 3GPP 对于 5G 网络的组网架构；重点讲述了 5G 网络的关键技术，包括核心网专业的网络切片、多接入边缘计算，无线网专业的大规模无线技术等。

| 3.1 系统架构 |

3.1.1 5G 系统架构模型

5G 的系统架构可以通过两种架构模型来体现，一种是服务化架构视图，另一种是参考点视图。

2017 年 5 月，在 3GPP SA2 的第 121 次会议中，确定了服务化架构（Service Based Architecture，SBA）作为 5G 的基础架构。服务化架构是云化架构的进一步演进，是对应用层逻辑网元和架构的进一步优化，把各网元的能力通过"服务"进行定义，并通过应用程序编程接口（Application Programming Interface，API）形式供其他网元进行调用，进一步适配底层基于 NFV 和 SDN 等技术的原生云基础设施平台。非漫游场景 5G 架构服务化架构示意如图 3-1 所示。

在 5G 服务化网络架构中，控制面功能被分解成多个独立的网络功能（Network Function，NF）。例如，接入及移动性管理功能（Access and Mobility Management Function，AMF）、会话管理功能（Session Management Function，SMF）。这些 NF 可以根据业务需求进行合并。例如，合并为统一数据管理（Unified Data Management，UDM）+ 认证服务器功能（Authentication Server Function，AUSF），即 UDM+AUSF。NF 间在业务功能上解耦，对外呈现单一的服务化接口。NF 的注册、发现、授权、更新、监控等由网络存储功能

（NF Repository Function，NRF）负责。NF 相互独立，在新增或升级某一个 NF 的过程中，其余的 NF 不受影响，只需要 NRF 针对单个 NF 进行更新即可。相比现有的紧耦合网络控制功能，服务化的控制面架构通过 NF 的灵活编排大大简化了新业务的拓展及上线流程，通过服务的注册、发现和调用，构建 NF 间的基本通信框架，为 5G 核心网新功能的部署提供了即插即用式的便捷方式。通过 NRF 进行服务的注册、发现和 API 调用示意如图 3-2 所示。

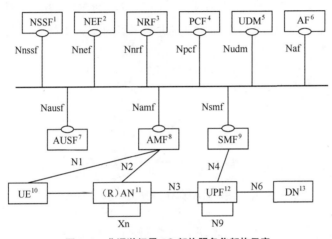

图 3-1　非漫游场景 5G 架构服务化架构示意

1　NSSF（Network Slice Selection Function，网络切片选择功能）。
2　NEF（Network Exposure Function，能力开放功能）。
3　NRF（NF Repository Function，网络储存功能）。
4　PCF（Policy Control Function，策略控制功能）。
5　UDM（Unified Data Management，统一数据管理）。
6　AF（Application Function，应用功能）。
7　AUSF（Authentication Server Function，认证服务器功能）。
8　AMF（Access and Mobility Management Function，接入及移动性管理功能）。
9　SMF（Session Management Function，会话管理功能）。
10　UE（User Equipment，用户设备）。
11　（R）AN（（Radio）Access Network，（无线）接入网）。
12　UPF（User Plane Function，用户面功能）。
13　DN（Data Network，数据网络）。

服务化结构提供了基于服务化的调用接口，3GPP 在 R15 选定的 SBA 接口协议栈为传输控制协议（Transmission Control Protocol，TCP）+超文本传输协议（Hyper Text Transfer Protocol，HTTP）+表述性状态转移（Representational

State Transfer，Restful）+JS 对象简谱（Java Script Object Notation，JSON）
+ 开放应用编程接口（Open Application Programing Interface，OpenAPI），
即 TCP+HTTP 2.0+Restful+JSON+OpenAPI 3.0。基于 TCP/HTTP 2.0 进行
通信，使用 JSON 作为应用层通信协议的封装，基于 TCP/HTTP 2.0/JSON 的
调用方式，使用轻量化 IT 技术框架，以适应 5G 网络灵活组网、快速开发、
动态部署的需求。SBA 的协议将持续优化，如 HTTP 2.0 承载于 IETF QUIC/
UDP、采用二进制编码方法（例如，二进制对象展现（Concise Binary Object
Representation，CBOR））等是后续演进的可能的技术方向。

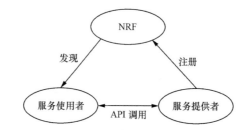

图 3-2　通过 NRF 进行服务的注册、发现和 API 调用示意

　　参考点视图方式主要用于表现网络功能之间的互动关系，在说明业务流程
时更为直观。非漫游场景 5G 架构参考点示意如图 3-3 所示。

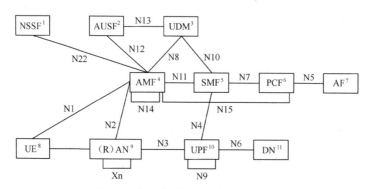

图 3-3　非漫游场景 5G 架构参考点示意

1　　NSSF（Network Slice Selection Function，网络切片选择功能）。

2　　AUSF（Authentication Server Function，认证服务器功能）。

3　　UDM（Unified Data Management，统一数据管理）。

4　　AMF（Access and Mobility Management Function，接入及移动性管理功能）。

5　SMF（Session Management Function，会话管理功能）。

6　PCF（Policy Control Function，策略控制功能）。

7　AF（Application Function，应用功能）。

8　UE（User Equipment，用户设备）。

9　(R) AN（(Radio) Access Network，（无线）接入网）。

10　UPF（User Plane Function，用户面功能）。

11　DN（Data Network，数据网络）。

3.1.2　主要接口介绍

3.1.2.1　NG接口

NG 接口是无线接入网与核心网的接口，包括 NG 控制（NG-Control，NGC）接口和 NG 用户（NG-User，NGU）接口两种，分别为 5G 无线接入网和 5G 核心网间的控制接口和数据接口。

NGC 接口，即 N2 接口，是 5G 无线接入网与 5G 核心网控制面接口。NGC接口协议栈如图 3-4 所示。传输网络层建立在 IP 传输之上。为了可靠地传输信令消息，在 IP 之上添加流控制传输（Stream Control Transmission Protocol，SCTP）。应用层信令协议称为 NG 应用协议（NG Application Protocol，NGAP）。SCTP 层提供有保证的应用层消息传递。在传输中，IP 层点对点传输用于传递信令分组数据单元（Packet Data Unit，PDU）。

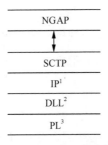

图 3-4　NGC 接口协议栈

1　IP（Internet Protocol，互联网协议层）。

2　DLL（Data Link Layer，数据链路层）。

3　PL（Physical Layer，物理层）。

NGC 接口提供以下 8 项功能，具体描述如下。

1.NG 接口管理
确保定义 NG 接口操作的开始（复位）。

2.UE 上下文管理
UE 上下文管理功能允许 AMF 和 NG-RAN 节点中建立、修改或释放 UE 上下文。

3.UE 移动性管理
ECM-CONNECTED 中的 UE 移动性功能包括用于支持 NG-RAN 内的移动性的系统内切换功能和用于支持来自 / 到 EPS 系统的移动性系统间切换功能。它包括通过 NG 接口准备、执行和完成切换。

4.NAS 消息的传输
非接入层（Non-Access Stratum，NAS）信令传输功能提供用于通过 NG 接口传输或重新路由特定 UE 的 NAS 消息（例如，用于 NAS 移动性管理）的装置。

5. 寻呼
寻呼功能支持向寻呼区域中涉及的 NG-RAN 节点发送寻呼请求。

6.PDU 会话管理
一旦 UE 上下文在 NG-RAN 节点中可用，协议数据单元（Protocol Data Unit，PDU）会话功能负责建立、修改和释放所涉及的 PDU 会话 NG-RAN 资源，以用于用户数据的传输。

7. 配置专业
配置传递功能是允许经由核心网络在两个 RAN 节点之间请求和传送 RAN 配置信息（例如，SON 消息）的通用机制。

8. 告警信息传输
NGU 接口，即 N3 接口，是 5G 无线接入网与 5G 核心网转发面接口。NGU 接口的协议栈如图 3-5 所示。传输网络层建立在 IP 传输上，GPRS 隧道协议用户面（GPRS Tunnelling Protocol-User，GTP-U）用于用户数据报协议（User Datagram Protocol，UDP）/IP 之上，承载 NG-RAN 节点和 UPF 之间的用户平面 PDU。

NGU 用户面接口在 NG-RAN 节点和 UPF 节点之间提供无保证（UDP）的用户平面 PDU 传送。

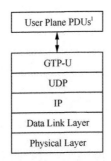

图 3-5　NGU 接口的协议栈

1　User Plane PDUs，用户面协议数据单元。

3.1.2.2　Xn接口

Xn 接口是 5G 基站之间的交互接口，包括控制面接口 Xn-C 和用户面接口 Xn-U。

Xn 控制平面接口为 Xn-C，位于两个 NG-RAN 节点之间。Xn 接口的控制平面协议栈如图 3-6 所示。传输网络层建立在 IP 之上的 SCTP 上。应用层信令协议称为 XnAP（Xn 应用协议）。SCTP 层提供有保证的应用消息传递。在传输 IP 层中，点对点传输用于传递信令 PDU。

Xn-C 接口支持 Xn 接口管理、UE 移动性管理（包括上下文传递和 RAN 寻呼）以及双连接等功能。

Xn 用户平面（Xn-U）接口位于两个 NG-RAN 节点之间。Xn 接口上的用户平面协议栈如图 3-7 所示。传输网络层建议在 IP 传输上，GTP-U 用于 UDP/IP 之上以承载用户平面 PDU。

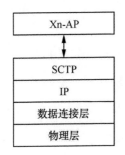

图 3-6　Xn 接口的控制平面协议线

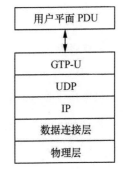

图 3-7　Xn 接口上的用户平面协议栈

Xn-U 提供无保证的用户平面 PDU 传送，并支持数据转发、流量控制等功能。

3.1.3　主要网络功能实体

3.1.3.1　主要网元功能介绍

1. 无线基站 NR 功能

无线基站 NR 功能主要是进行无线资源管理，包括无线承载控制、无线接入控制、移动性连接控制，在上行链路和下行链路中向用户设备进行动态资源分配（调度）。

除此之外，NR 还支持 IP 报头压缩、加密和数据完整性保护、提供用户面数据向 UPF 的路由、连接设置和释放、调度和传输寻呼信息、调度和传输系统广播信息、用于移动性和调度的测量和测量报告配置、上行链路中的传输级别数据包标记、会话管理、支持网络切片、业务质量（Quality-of-Service，QoS）流量管理和映射到数据无线承载、NAS 消息的分发功能等。

2. 接入及移动性管理功能（AMF）

接入及移动性管理功能（AMF）包括注册管理、连接管理、可达性管理、流动性管理、合法拦截、接入身份验证、接入授权等。

除此之外，AMF 还支持终止 RAN CP 接口和 NAS 接口、NAS 加密和完整性保护、为 UE 和 SMF 之间的短消息（Short Message，SM）提供传输、用于路由 SM 消息的透明代理、在 UE 和 SMSF 之间提供短消息服务（Short Message Service，SMS）消息的传输、监管服务的定位服务管理、UE 移动事件通知等功能。

3. 会话管理功能（SMF）

会话管理功能（Session Management Function，SMF）主要包括会话管理（例如，会话建立、修改和释放，包括 UPF 和接入网（Access Network，AN）节点之间的通道维护）、UE IP 地址分配和管理、选择和控制 UP 功能、配置 UPF 的流量控制，将流量路由到正确的目的地、服务 IPv4 的动态主机配置协议（Dynamic Host Configuration Protocol for IPv4，DHCPv4）和服务 IPv6 的动态主机配置协议（Dynamic Host Configuration Protocol for IPv6，DHCPv6）（服务器和客户端）、计费数据收集和计费接口等。

除此之外，SMF 还支持通过提供与请求中发送的 IP 地址相对应的介质访问控制（Media Access Control，MAC）地址来响应地址解析协议（Address Resolution Protocol，ARP）和 / 或互联网协议第 6 版（Internet Protocol Version 6，IPv6）邻居请求、终止接口到策略控制功能、合法拦截、收费数据收集和支持计费接口、控制和协调 UPF 的收费数据收集、终止 SM 消息的 SM 部分、下行数据通知、漫游功能、支持与外部数据网络（Date Network，DN）的交互等功能。

4. 用户平面功能（UPF）

用户平面功能（User Plane Function，UPF）主要支持分组路由和转发、数据包检查、用户平面部分策略规则实施、合法拦截、流量使用报告、用户平面的 QoS 处理等功能，UPF 也是外部 PDU 与数据网络互连的一个会话点。

除此之外，SMF 还支持上行链路流量验证、上行链路和下行链路中的传输级分组标记、下行数据包缓冲和下行数据通知触发，将一个或多个"结束标记"发送和转发到源下一代无线接入网（Next Generation RAN-NG-RAN）节点，通过提供与请求中发送的 IP 地址相对应的 MAC 地址来响应 ARP 和 / 或 IPv6 邻居请求等功能。

另外，UPF 还是外部 PDU 与数据网络互连的会话点，同时也是 RAT 内 / RAT 间移动性的锚点。

5. 策略控制功能（PCF）

策略控制功能（Policy Control Function，PCF）包括以下功能：支持统一的策略框架来管理网络行为；为控制平面功能提供策略规则以强制执行它们；访问与统一数据存储库（Unified Data Repository，UDR）中的策略决策相关的用户信息；PCF 可访问位于与 PCF 相同的公共陆地移动网络（Public Land Mobile Network，PLMN）中的 UDR。

6. 网络开放功能（NEF）

网络开放功能（Network Exposure Function，NEF）支持以下 6 项功能。

（1）NEF 支持能力和事件的开放

3GPP NF 通过 NEF 向其他 NF 公开功能和事件。NF 展示的功能和事件可以安全地对外展示。例如，第三方接入、应用功能、边缘计算等。NEF 使用标准化接口（Nudr）将信息作为结构化数据存储 / 检索到统一数据存储库（UDR）。需要注意的是，NEF 可以接入位于与 NEF 相同的 PLMN 中的 UDR。

（2）从外部应用程序到 3GPP 网络的安全信息提供

它为应用功能提供了一种手段，可以安全地向 3GPP 网络提供信息。例如，预期的 UE 行为。在这种情况下，NEF 可以验证和授权并协助限制相应的应用功能。

（3）内部—外部信息的翻译

NEF 在与应用功能（Application Function，AF）交换的信息和与内部网络功能交换的信息之间进行转换。例如，它在 AF-Service-Identifier 和内部 5G Core 信息（如 DNN，S-NSSAI）之间进行转换。除此之外，NEF 根据网络策略处理对外部 AF 的网络和用户敏感信息的屏蔽。

（4）网络开放功能从其他网络功能接收信息（基于其他网络功能的公开功能）

NEF 使用标准化接口将接收到的信息作为结构化数据存储到统一数据存储库（UDR）（由 3GPP 定义的接口）。数据库中存储的信息可以由 NEF 访问并"重新展示"到其他网络功能和应用功能，可用于其他目的。例如，数据分析。

（5）NEF 还可以支持 PFD 功能

NEF 中的分组流描述（Packet Flow Description，PFD）功能可以在 UDR 中存储和检索 PFD，并且应 SMF 的请求（拉模式）或根据请求提供给 SMF 的 PFD。来自 NEF（推模式）的 PFD 管理，例如，TS 23.503 中所述。特定 NEF 的实例可以支持上述功能中的一个或多个，因此单个 NEF 可以支持为能力展示指定的 API 的子集。需要注意的是，NEF 可以接入位于与 NEF 相同的 PLMN 中的 UDR。

（6）支持 CAPIF

当 NEF 用于外部开放时，可以支持通用 API 框架（Common API Framework，CAPIF），支持 CAPIF 时，用于外部开放的 NEF 支持 CAPIF，此时 API 提供流程域功能。CAPIF 和相关的 API 提供流程域功能在 TS 23.222 [64]

中的规定。

7. 网络存储功能（NRF）

网络存储功能（Network Repository Function，NRF）支持以下 4 项功能。

（1）支持服务发现功能

从 NF 实例接收 NF 发现请求，并将发现的 NF 实例（被发现）的信息提供给 NF 实例。

（2）维护可用 NF 实例及其支持服务的 NF 配置文件

在 NRF 中维护的 NF 实例的 NF 概况包括以下信息：NF 实例 ID、NF 类型、PLMN ID、网络切片相关标识符（例如，单个网络切片选择辅助信息（Single Network Slice Selection Assistance Information，S-NSSAI）、NSI ID）、NF 的全限定域名（Fully Qualified Domain Name，FQDN）或 IP 地址、NF 容量信息、NF 特定服务授权信息、支持的服务的名称、每个支持服务实例的端点地址、识别存储的数据等信息。

（3）不同级别可部署多个 NRF

在网络分片的背景下，基于网络实现，可以在不同级别部署多个 NRF。具体包括 PLMN 级别、共享切片级别、切片特定级别等。其中，NRF 配置有整个 PLMN 的信息；NRF 配置有属于一组网络切片的信息；NRF 配置有属于 S-NSSAI 的信息。

（4）不同的网络中，可部署多个 NRF

在漫游环境中，可以在不同的网络中部署多个 NRF。

8. 统一数据管理（UDM）

统一数据管理（UDM）主要实现的功能包括用户管理、用户识别处理、基于用户数据的接入授权、生成 3GPP 认证与密钥协商协议（Authentication and Key Agreement，AKA）身份验证凭据、UE 的服务 NF 注册管理、合法拦截功能等。

除此之外，UDM 还提供隐私保护的用户标识符（Subscriber Concealed Identifier，SUCI）的隐藏、MT-SMS 交付支持、短信管理等功能。

9. 认证服务器功能（AUSF）

认证服务器功能（Authentication Server Function，AUSF）支持以下功能：

支持 3GPP 接入和不受信任的非 3GPP 接入的认证。

10. **统一数据存储库（UDR）**

统一数据存储库（UDR）支持以下功能：通过 UDM 存储和检索用户数据、由 PCF 存储和检索策略数据、存储和检索用于开放的结构化数据。

统一数据存储库位于与使用 Nudr 存储和从中检索数据的 NF 服务使用者相同的 PLMN 中。Nudr 是 PLMN 内部接口，在具体部署中，可以选择将 UDR 与 UDSF 一起布置。

11. **网络切片选择功能（NSSF）**

网络切片选择功能（Network Slice Selection Function，NSSF）支持以下 4 项功能。

（1）选择为 UE 提供服务的网络切片实例集。

（2）确定允许的网络切片选择辅助信息（Network Slice Selection Assistance Information，NSSAI），并在必要时确定到用户的 S-NSSAI 的映射。

（3）确定已配置的 NSSAI，并在需要时确定到用户的 S-NSSAI 的映射。

（4）确定 AMF 集用于服务 UE，或者基于配置可能通过查询 NRF 来确定候选的 AMF 列表。

12. **应用功能（AF）**

应用功能（AF）与 3GPP 核心网络交互以提供服务，可以支持以下 4 项内容。

（1）应用流程对流量路由的影响。

（2）访问网络开放功能。

（3）与控制策略框架互动。

（4）基于运营商部署，可以允许运营商信任的应用功能直接与相关网络功能交互。

3.1.3.2　5G与4G网元对应关系

5G 系统架构主要由网络功能实体 NF 组成，并且与 4G 网络网元存在着一定的对应关系，5G 网元与 4G 对应关系见表 3-1。

表 3-1　5G 网元与 4G 对应关系

网元	对应 4G 网络中网元	功能描述
用户设备（UE）	UE	用户手机或物联网终端
5G 基站（NR）	eNodeB	无线接入网，负责无线资源的管理
接入及移动性管理功能（AMF）	MME 中 NAS 接入控制功能	注册管理、连接管理、移动管理、访问身份验证授权、短消息等，是终端和无线的核心网控制面接入点
会话管理功能（SMF）	MME 和 SGW、PGW 会话管理功能	隧道维护、IP 地址分配和管理、UPF 选择、策略实施和 QoS 中的控制部分、计费数据采集、漫游功能等
用户面功能（UPF）	SGW、PGW 用户平面功能	分组路由转发、策略实施、流量报告、QoS 处理
统一数据管理（UDM）	HSS	3GPP AKA 认证、用户识别、访问授权、注册、移动、订阅、短信管理等
认证服务器功能（AUSF）	MME 中的接入认证功能	实现 3GPP 和非 3GPP 的接入认证
策略控制功能（PCF）	PCRF	统一的策略框架，提供控制平面功能的策略规则
网络存储功能（NRF）	5G 新引入，类似增强 DNS 功能	服务发现、维护可用的 NF 实例的信息以及支持的服务
网络切片选择功能（NSSF）	5G 新引入	选择为 UE 服务的一组网络切片实例
网络开放功能（NEF）	SCEF	开放各网络功能的能力、内外部信息的转换
数据网络（DN）	DN	5G 核心网出口，如互联网或企业网
应用功能（AF）	AF	如 P-CSCF（VoLTE IMS）等

| 3.2　5G 组网方案 |

　　为了实现 5G 的业务应用，首先需要建设和部署 5G 网络。5G 网络的部署主要需要两个部分：无线接入网和核心网。无线接入网主要由基站组成，为用户提供无线接入功能，核心网则主要为用户提供互联网接入服务和相应的管理功能等。

　　因为新建网络投资巨大，所以 3GPP 提供了两种方式实现网络的部署：一种是独立组网（SA）；另一种是非独立组网（NSA）。SA 独立组网指的是新建一张 5G 网络，包括新基站、核心网等。NSA 非独立组网指的是使用现有的

4G 基础设施进行改造升级，实现 5G 网络的功能。

在 SA 独立组网的架构中，5G 无线网与核心网之间的 NAS 信令（如注册，鉴权等）通过 5G 基站传递，5G 可以独立工作。

在 NSA 非独立组网的架构中，5G 依附 4G 基站工作的网络架构，5G 无线网与核心网之间的 NAS 信令（如注册，鉴权等）通过 4G 基站传递，5G 无法独立工作。

目前，5G 的组网架构包括 Option 2、Option 3/3a/3x、Option 4/4a、Option 5、Option 7/7a/7x，共有 10 种 5G 架构选项。组网方案与 Option 方案的对应关系如图 3-8 所示。

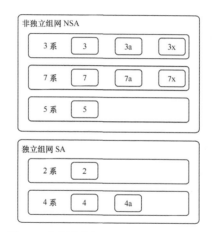

图 3-8 组网方案与 Option 方案的对应关系

上述的 10 种组网方案如图 3-9 所示，其中，Option 3/3a/3x、Option 7/7a/7x、Option 5 为非独立组网方案，Option 2、Option 4/4a 为独立组网方案。

1.SA 组网架构中的 Option 2

Option 2 属于 5G 的 SA 独立组网，需新建 5G 基站和 5G 核心网，其服务质量将会更好，但网络建设成本也较高。

2.NSA 组网架构中的 Option 3

Option 3 主要使用的是 4G 的核心网络，分为主站和从站，其中，与核心网进行控制面命令传输的基站为主站。由于传统的 4G 基站处理数据的能力有限，需要对基站进行硬件升级改造，变成增强型 4G 基站，该基站为主站，新部署的 5G 基站可作为从站进行使用。同时，由于部分 4G 基站改造时间较久，大部分的运营商不愿花资金进行基站改造，所以就想了另外两种办法：第一种是 Option 3a 模式；第二种是 Option 3x 模式。其中，Option 3a 就是 5G 的用户面数据直接传输到 4G 核心网；而 Option 3x 是将用户面数据分为两个部分，将 4G 基站不能传输的部分数据使用 5G 基站进行传输，而剩下的数据仍然使用 4G 基站进行传输，两者的控制面命令仍然由 4G 基站进行传输。

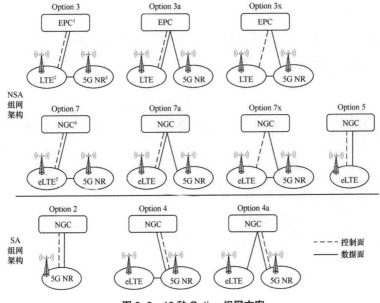

图 3-9　10 种 Option 组网方案

1　EPC（Evolved Packet Core，分组核心演进）。
2　LTE（Long Term Evolution，长期演进，这里指 4G LTE 基站）。
3　5G NR（5G New Radio，5G 新空口，这里指 5G 基站）。
4　NGC（Next Generation Core，下一代核心网，这里指 5G 核心网）。
5　eLTE（Enhanced Long Term Evolution，增强型的长期演进，这里指经过升级后的增强型的 LTE 基站）。

3.SA 组网架构中的 Option 4

Option 4 与 Option 3 的不同之处在于：Option 4 的 4G 基站和 5G 基站共用的是 5G 核心网。其中，5G 基站作为主站，4G 基站作为从站。由于 5G 基站具有 4G 基站的所有功能，所以在 Option 4 中，4G 基站的用户面和控制面分别通过 5G 基站传输到 5G 核心网中，而在 Option 4a 中，4G 基站的用户面直接连接

到 5G 核心网，控制面仍然从 5G 基站传输到 5G 核心网。

4.NSA 组网架构中的 Option 5

Option 5 可以理解为先部署 5G 的核心网，并在 5G 核心网中实现 4G 核心网的功能，先使用增强型 4G 基站，随后再逐步部署 5G 基站。

5.NSA 组网架构中的 Option 7

Option 7 系列和 Option 3 系列类似，两者的区别 Option 7 系列是将 Option 3 系列中的 4G 核心网变成了 5G 核心网，将 LTE 升级成 eLTE 基站，而两者的信令锚定和数据传输方式类似。

上述几种组网方案在核心网类型、无线控制锚点、数据分流点均有所区别，几种不同组网方案对比见表 3-2。

表 3-2　几种不同组网方案对比

组网方式	标准化架构	核心网	无线控制锚点	数据分流点
NSA 组网	Option 3	EPC	LTE	LTE
	Option 3a	EPC	LTE	EPC
	Option 3x	EPC	LTE	NR
	Option 7	NGC	eLTE	eLTE
	Option 7a	NGC	eLTE	NGC
	Option 7x	NGC	eLTE	NR
	Option 5	NGC	eLTE	—
SA 组网	Option 2	NGC	NR	—
	Option 4	NGC	NR	NR
	Option 4a	NGC	NR	NGC

NSA 组网和 SA 组网在业务能力、组网灵活度、语音能力、基本性能、实施难度、产品成熟度等方面都存在着明显的差别，见表 3-3。通过对比分析可以看出，SA 的优势在于一步到位，无二次改造成本，在垂直行业容易拓展，5G 与 4G 无线网可采用不同的厂商；NSA 的优势在于对核心网及传输网新建 / 改造的难度较低，对 5G 连续覆盖的要求压力较小，在 5G 未连续覆盖时，其性能较优，但对 4G 无线网改造的工程较多。

表 3-3　NSA 与 SA 组网方案对比

对比维度		NSA 组网	SA 组网
业务能力		仅支持大带宽业务	较优：支持大带宽和低时延业务，便于拓展垂直行业
4G/5G 组网灵活度		较差：选项 3x 是同厂商，选项 3a 可能是不同厂商	较优：可采用不同厂商
语音能力	方案	4G VoLTE [1]	Vo5G [2] 或者回落至 4G VoLTE
	性能	同 4G	Vo5G 的性能取决于 5G 的覆盖水平，VoLTE 的性能同 4G
基本性能	终端吞吐量	• 下行峰值速率较优（4G/5G 双连接，NSA 比 SA 优 7%） • 上行边缘速率较优	• 上行峰值速率较优（终端 5G 双发，SA 比 NSA 优 87%） • 上行边缘速率较低
	覆盖性能	同 4G	初期 5G 的连续覆盖挑战较大
	业务连续性	较优：同 4G，不涉及 4G/5G 系统间切换	略差：当初期未连续覆盖时，4G/5G 系统间切换较多
对 4G 现网改造	无线网	改造较大（未来升级 SA 不能复用，存在二次改造）：4G 软件升级支持 Xn 接口，硬件基本不需要更换，但需要与 5G 基站连接	改造较小：4G 升级支持与 5G 互操作，配置 5G 邻区
	核心网	改造较小，方案一：升级支持 5G 接入，需扩容；方案二：新建虚拟化设备，可升级支持 5G 新核心网	改造较小，升级支持与 5G 互操作
5G 实施难度	无线网	难度较小，新建的 5G 基站与 4G 基站连接；连续覆盖压力小，邻区参数配置少	难度较大，新建的 5G 基站配置在 4G 邻区；连续覆盖压力大
	核心网	不涉及	难度较大，新建的 5G 核心网需与 4G 进行网络、业务、计费、网管等融合
传输网		改造较小，可对现网的 PTN [3] 升级扩容，4G 流量可能迂回	难度较大，需新建 5G 传输平面
国际运营商选择		美、日、韩多数运营商选择	少数运营商选择
产品成熟度		2018 年中支持测试	2018 年年底支持测试，5G 核心网成熟挑战大，需重点推动

注：1　VoLTE（Voice over Long-Term Evolution，长期演进语音演进）。

　　2　Vo5G（Voice over 5G，5G 语音承载）。

　　3　PTN（Packet Transport Network，分组传送网）。

经过综合考虑 5G 建设的成本、标准进展和上下游生态链的发展情况，目前，国内三大运营商的 5G 初期建网策略均按照 5G NSA 组网架构快速搭

建 5G 网络，支撑大带宽的（eMBB）应用场景。具体实现方案包括通过现网升级支持 NSA，或引入云化 EPC 支持 NSA，或者采用两种混合组网等方案。

目前，三大运营商已明确目标组网为 SA 独立组网架构。SA 独立组网架构将带来对 uRLLC 场景和 mMTC 场景以及对网络切片等功能的完全支持，它是真正意义上完整的 5G 组网架构。

| 3.3 5G 的云化网络架构 |

相比于之前的 2G/3G/4G 网络，5G 从无线、传输、核心网各个层面对网络进行了重构，分别在核心网引入网络功能虚拟化（NFV）技术、在无线接入网引入云化无线接入网以及在传输网引入软件定义网络（SDN）方面，以灵活适配 5G 网络的各种业务场景和需求，从而实现"一个物理网络，承载千百行业"的目标。5G 的云化网络架构如图 3-10 所示。

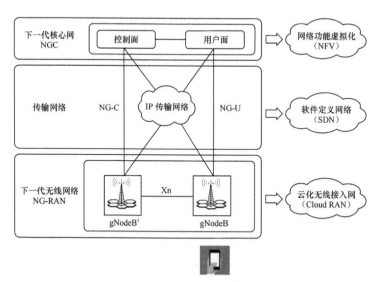

图 3-10 5G 的云化网络架构

1 gNodeB：5G 基站。

5G 的下一代核心网（Next Generation Core，NGC）主要包括信令控制平面、用户转发平面以及一些配套的核心网功能网元。gNodeB 分别通过 NG-C 和 NG-U 接口对接核心网的控制面和用户面。

5G 的下一代无线网络（Next Generation Radio Acess Network，NG-RAN）只有基站一种设备，5G 基站简称为 gNodeB，gNodeB 通过 Xn 接口互联。

位于无线网络和核心网络这段的传输网络简称为 IP Backhaul（IP 回程），主要负责传输无线网络和核心网络交互的数据。5G 终端通信经过新的空中接口（NR）接入 5G 网络，从而进行各种业务。

3.3.1 核心网 NFV

传统的核心网呈现烟囱式结构，各厂商采用专用硬件，其成本高、资源无法共享，同时软硬件合一，扩容复杂，新业务部署的周期较长。而 5G 网络要求实现多场景业务的灵活部署，不同垂直行业用户对于端到端网络资源的差异化逻辑切分，都是目前烟囱式结构无法解决的。

面对 5G 网络的业务需求，以及运营商降低设备采购成本、提升资源利用率、新业务敏捷上线等要求，核心网云化是必由之路。

网络功能虚拟化（NFV）通过虚拟化技术把网络设备的软件和硬件解耦，设备功能以软件形式部署在统一通用的基础设施上（计算、存储、网络设备），实现网元功能，提升运维效率，增强系统灵活性。

3.3.2 无线网 Cloud RAN

随着 5G 技术的发展，以及 NFV 技术的使能，无线网络进入全面云化时代，无线网络需要完成高频模拟信号的处理，同时无线信号又是随时间快速变化的，所以 5G 时代，无线基站又将分成两部分，集中单元（Centralized Unit，CU）和分布单元（Distribution Unit，DU）。CU 部分处理对时延不敏感的基带数字信号，同时在 CU 部分实现云化，并且实现控制面（Control Plane，CP）信令和用户平面（User Plane，UP）数据的分离。DU 部分处理对时延敏感的射频信号。CU 和 DU 通过 F1 接口实现传输互通。无线网 CU 云化架构如图 3-11 所示。

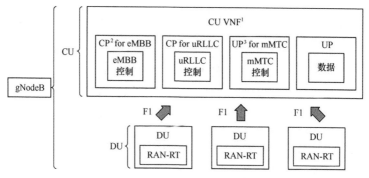

图 3-11　无线网 CU 云化架构

1　VNF（Virtualized Network Function 虚拟化网络功能）。
2　CP（Control Plane，控制平面）。
3　UP（User Plane，用户平面）。

目前，通信设备厂家可采用通用 X86 架构服务器，可提供 5G 基站的非实时基带数据处理，并且基于虚拟化技术可以灵活支持多种业务及网络切片。DU 部分适配各种覆盖和安装场景，提供宏基站、微站，以及室内分布等产品完成实时信号处理，实现按需部署、智能切片，适配多样性业务，适应大带宽、短时延、超多链接等业务，同时实现了资源池化，提升资源利用效率，网络弹性扩容等功能。

3.3.3　传输网络 SDN

随着 IT 技术的发展，传统的大型机软硬件一体化，逐渐演进到今天的硬件——操作系统——应用的分层架构。在 IP 传输网络上，SDN 也在做着同一件事，把网络分层虚拟化，更重要的是让它越来越简单。

SDN 的核心思想"控制和转发分离""软件应用灵活可编程"，正如 PC、手机领域的变革，也必将在 IP 传输网络领域掀起更大风暴。5G 核心网络和无线网络云化，主要是基于业务驱动，而 IP 传输网络的云化，主要是基于技术驱动。

SDN 的本质是给网络构建一个集中的大脑，通过全局视图和整体控制，实现全局流量整体最优，实现网络架构的变革。分布式网络向 SDN 集中控制型网络演进如图 3-12 所示。

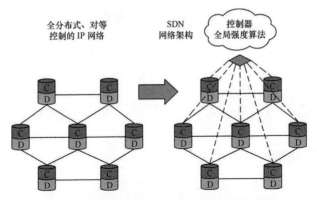

图 3-12　分布式网络向 SDN 集中控制型网络演进

SDN 的核心技术是将网络设备控制平面和数据平面分开，从而实现网络流量的灵活控制，为网络及应用的创新提供一个良好的平台。SDN 网络架构如图 3-13 所示。

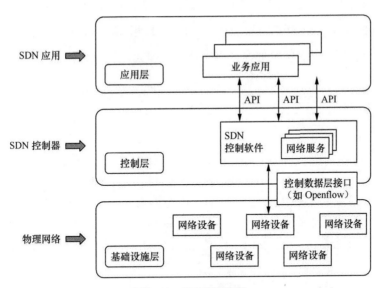

图 3-13　SDN 网络架构

SDN 网络基于集中控制可以简化运维，实现自动化调度，提高网络利用率。通过开放 API 接口，提供网络开放能力，大幅降低业务部署上线时间，为 5G 网络的各种业务场景，提供差异化的 QoS 的 IP 传输网络切片能力。

| 3.4 关键技术 |

3.4.1 核心网

3.4.1.1 网络切片

网络切片（Network Slice，NS）是指运营商在一个硬件基础设施之上切分出多个端到端的逻辑网络，每个网络都包含逻辑上隔离的接入网、传输网和核心网，每个逻辑网络可以对应不同的服务需求。例如，时延、带宽、安全性和可靠性等，以灵活地应对不同的网络应用场景，适配各种类型服务的不同特征需求。

网络切片不是一个单独的技术，它是基于云计算、虚拟化、软件定义网络、服务化架构等几大技术群而实现的。通过上层统一的编排让网络具备管理、协同的能力，从而实现基于一个通用的物理网络基础架构平台，能够同时支持多个逻辑网络的功能。5G 网络切片的管理架构如图 3-14 所示。

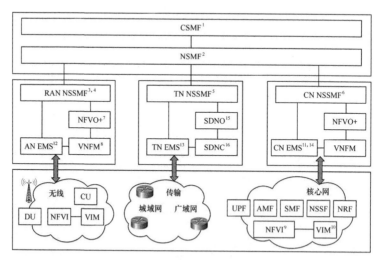

图 3-14 5G 网络切片管理架构

1 CSMF（Communication Service Management Function，通信服务管理功能）。

2 NSMF（Network Slice Management Function，网络切片管理功能）。

3 NSSMF（Network Slice Subnet Management Function，网络切片子网管理功能）。

4 RAN NSSMF（无线接入网切片子网管理功能）。

5 TN NSSMF（传送网切片子网管理功能）。

6 CN NSSMF（核心网网切片子网管理功能）。

7 FNVO（Virtualized Network Function Orchestrator，虚拟化网络功能编排器）。

8 VNFM（Virtualized Network Function Manager，虚拟化网络功能管理器）。

9 NFVI（Network Functions Virtualization Infrastructure，网络功能虚拟化基础设施）。

10 VIM（Virtualized Infrastructure Manager，虚拟化基础设施管理器）。

11 EMS（Element Management System，网元管理系统）。

12 AN EMS（接入网网元管理功能）。

13 TN EMS（传送网网元管理功能）。

14 CN EMS（核心网网元管理功能）。

15 SDNO（Software Defined Network Orchestrator，软件定义网络编排器）。

16 SDNC（Software Defined Network Controller，软件定义网络控制器）。

网络切片管理架构自上而下包含三层，分别为通信服务管理功能（Communication Service Management Function，CSMF）、网络切片管理功能（Network Slice Management Function，NSMF）、网络切片子网管理功能（Network Slice Subnet Management Function，NSSMF）。网络切片自动化编排部署示意如图 3-15 所示。

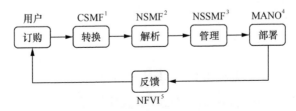

图 3-15 网络切片自动化编排部署示意

1 CSMF（Communication Service Management Function，通信服务管理功能）。

2 NSMF（Network Slice Management Function，网络切片管理功能）。

3 NSSMF（Network Slice Subnet Management Function，网络切片子网管理功能）。

4 MANO（Management and Orchestration，管理和编排）。

5 NFVI（Network Functions Virtualization Infrastructure，网络功能虚拟化基础设施）。

就核心网子切片来说，切片典型组网是 NSSF 和 NRF 作为 5G 核心网公共服务，以 PLMN 为单位部署；AMF、PCF、UDM 等 NF 可以共享为多个切片提供服务；SMF、UPF 等可以基于切片对时延、带宽、安全等的不同需求，为每个切片单独部署不同的 NF。3GPP 5G 核心网子切片部署示意如图 3-16 所示。

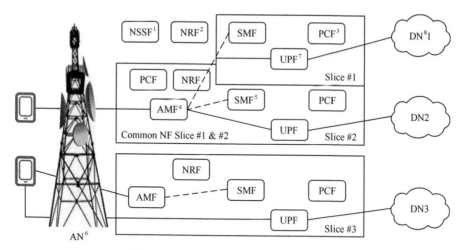

图 3-16　3GPP 5G 核心网子切片部署示意

1　NSSF（Network Slice Selection Function，网络切片选择功能）。
2　NRF（NF Repository Function，网络储存功能）。
3　PCF（Policy Control Function，策略控制功能）。
4　AMF（Access and Mobility Management Function，接入和移动管理功能）。
5　SMF（Session Management Function，会话管理功能）。
6　AN（Access Network，接入网）。
7　UPF（User Plane Function，用户面功能）。
8　DN（Data Network，数据网络）。

　　5G 网络切片可以充分利用基于 SDN 和 NFV 的云化基础设施，实现网络资源对业务需求的差异化灵活匹配。5G 的三大应用场景 eMBB、mMTC、uRLLC 在运营商网络内的支持就是通过网络切片来实现的，以分别匹配其大容量、海量连接和高可靠、低时延的业务特点。

　　网络切片并不仅限于上述的三大应用场景，实际上，5G 网络切片是信息通信行业与其他行业连接的利器，也因此成为 5G 的主要特征之一。网络切片具有可定制、可测量、可交付、可计费的特性，运营商可以把切片作为商品面向行业客户运营，同时还可以进一步将切片的相关能力开放，打造网络切片即服务（NSaaS）的经营模式，从而更好地满足行业用户的定制化需求。而对于行业用户来说，可以通过与运营商的业务合作，在运营商网络内部署自己的切片网络，无须建设专网即可更方便、更快捷地使用 5G 网络，可快速实现数字化转型。

3.4.1.2　移动/边缘计算

移动边缘计算（MEC）作为云计算的演进，将应用程序托管从集中式数据中心下沉到网络边缘，更接近消费者和应用程序生成的数据。MEC 是实现 5G 低延迟和带宽效率等的关键技术之一，同时 MEC 为应用程序和服务打开了网络边缘，包括来自第三方的应用程序和服务，使通信网络可以转变成为其他行业和特定客户群的多功能服务平台。

5G 标准中有一组新功能可使 MEC 部署成为可能，具体包括以下几项内容。

★ 支持本地路由和流量导向：将特定的流量指向本地数据网络（Local Area Data Network，LADN）中的应用程序。

★ 支持 AF 直接通过 PCF 或间接通过 NEF 影响业务对 UPF 的选择（或重选）和流量导向的能力，具体取决于运营商的策略。

★ 支持针对不同 UE 和应用移动性场景的会话和服务连续性（SSC）模式。

★ 支持在部署应用的特定区域中连接到 LADN，对 LADN 的访问仅在特定的 LADN 服务区域（Serving Area，SA）中可用，该服务区域被定义为 UE 的服务 PLMN 中的一组跟踪区。

MEC 在 5G 网络中的部署如图 3-17 所示。

MEC 平台作为 AF，可以与 NEF 交互，或者在某些场景下直接与目标 NF 交互。NEF 一般和其他核心网 NF 集中部署，但也可以在边缘部署 NEF 的实例支持来自 MEC 主机的低延迟、高吞吐服务访问。

在 MEC 主机的物理部署方面，根据操作性、性能或安全的相关需求，有多种选择，MEC 物理部署位置的一些可行选项如图 3-18 所示。

★ MEC 和本地的 UPF 与基站并置。

★ MEC 与传输节点并置（本地 UPF 也可能并置）。

★ MEC 和本地 UPF 与网络汇聚点并置。

★ MEC 与核心网 NF 并置（即在同一数据中心）。

上述选项表明 MEC 可以灵活地部署在从基站附近到中央数据网络的不同位置。但是不管如何部署，都需要由 UPF 来控制流量指向 MEC 应用或是指向网络。

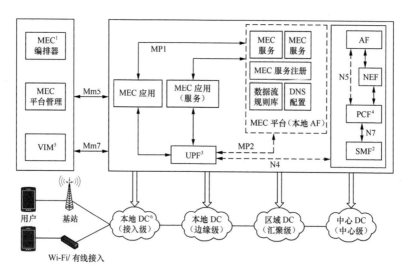

图 3-17　MEC 在 5G 网络中的部署

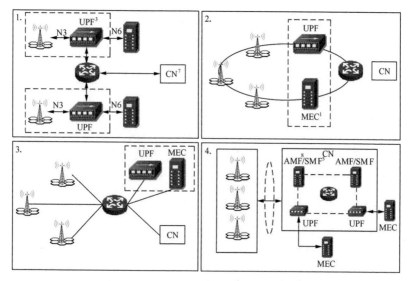

图 3-18　MEC 物理部署位置的一些可行选项

1　MEC（Mobile Edge Computing，移动边缘计算）。

2　SMF（Session Management Function，会话管理功能）。

3　UPF（User Plane Function，用户面功能）。

4　PCF（Policy Control Function，策略控制功能）。

5　VIM（Virtualized Infrastructure Manager，虚拟化基础设施管理器）。

6　DC（Data Center，数据中心）。

7　CN（Core Network，核心网）。

8　AMF（Access and Mobility Management Function，接入及移动性管理功能）。

MEC 的主要应用可分为四类：网络能力开放、本地内容缓存、本地内容转发和基于无线感知的业务优化处理。MEC 适用的场景主要是数据量大、时延敏感、实时性要求高的场景。例如，车联万物（V2X）、增强现实技术（Augmented Reality，AR）、移动内容分发网络（mobile Continent Distributed Network，mCDN）、企业、物联网（Internet of Things，IoT）等。MEC 的应用将伸展至交通运输系统、智能驾驶、实时触觉控制等领域，MEC 平台的广泛部署将为运营商、设备商、OTT 和第三方公司带来新的运营模式变革。

3.4.2　无线网

3.4.2.1　大规模天线技术

为获取高频谱效率，编码技术、多天线技术是现代通信系统的主要手段。4G 已引入了多天线技术（MIMO），5G 则引入了大规模天线技术（Massive MIMO），旨在增强上行和下行覆盖，提升系统容量，因此，大规模天线技术也是 5G 的又一个主要特征。

大规模天线技术主要通过多端口空时编码技术，形成多个波束赋形（Beam Forming，BF），引入空间维度，实现空间复用，降低了邻区的干扰。没有采用波束赋形时，只能采用天线主瓣覆盖相对固定的区域，而大规模天线可以在水平和垂直方向上选择合适波束追踪用户，有效扩大无线基站的覆盖范围，有望解决无线基站塔下黑、高层信号弱和高层信号污染等问题。大规模天线可以实现多个不同的波束同时为不同的用户服务，提升系统容量。大规模天线产生的波束赋形波瓣更窄、能量更集中，可有效减少对邻区干扰。

与 4G 不同，5G 下行控制信道采用了波束赋形，并且可以采用多个波束进行循环扫描发射。针对不同的覆盖场景，设置相应的广播信道波束组合，满足水平和垂直方向上的覆盖要求。5G 天线可配置的参数集数量相对 4G 有较大提升，对网络规划设计和优化维护都提出了挑战，可引入大数据分析和人工智能技术，通过自适应配置实现参数的优化配置。大规模天线技术覆盖示意如图 3-19 所示。

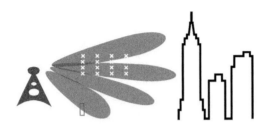

图 3-19　大规模天线覆盖示意

一般而言，大规模天线技术的增益主要由阵列增益、分集增益或者波束赋形（BF）增益组成。例如，192 振子的 64T64R 的阵列增益为 10dBi，上行分集增益或者下行 BF 增益为 14~15dBi。当前主流的 Massive MIMO 有 64T64R、32T32R、16T16R 等多种通道数天线可选，其区别在于垂直面上分别支持4层、2 层和 1 层波束，具备不同的三维 Massive MIMO 性能，相比以往的双极化天线在垂直维度上有更好的覆盖增益。在具体落地实施中，应根据不同的场景需求，考虑覆盖、容量、CAPEX、OPEX 及施工条件五大因素进行天线选型。不同通道数的大规模天线性能对比见表 3-4。

表 3-4　不同通道数的大规模天线性能对比

性能	16 通道	32 通道	64 通道
倾角调整能力	0~11° @12dB 上副瓣抑制	0~11° @12dB 上副瓣抑制	0~11° @12dB 上副瓣抑制
水平波束扫描能力	约 ±55° @3dB	约 ±55° @3dB	约 ±55° @3dB
垂直波束扫描能力	无	约 ±6°	约 ±12°
天线增益	22~23dBi	23~24dBi	24~25dBi

3.4.2.2　上下行解耦技术

我们都知道，根据香农公式 $C=B \times \log_2 (1+S/N)$ 可以得知，增加带宽 B 是提升容量和传输速率最直接的方法。考虑到目前频率的占用情况，5G 今后将不得不使用高频进行通信。

但是相对于低频通信，高频通信存在两大挑战。

★ 第一个挑战就是高频信号比低频信号传播损耗更大，绕射能力更弱。在同样的距离条件下，高频信号的传播路损耗远高于低频信号。也就是说，高频信号的小区覆盖半径将大幅缩减。

★ 第二个挑战就是上下行覆盖不均衡。而且是频段越高，上下行覆盖差异越明显，导致上行覆盖受限。由于基站的发射功率远大于手机发射功率，导致基站的上行业务信道PUSCH覆盖远小于下行信道，从而造成手机在小区边缘位置发信号给基站时，基站根本接收不到信号，上下行覆盖不均衡问题如图3-20所示。

针对以上两大挑战，3GPP 给出了上下行解耦的解决方案，如图 3-21 所示。NR 中基站下行使用高频段进行通信，上行可以根据 UE 的覆盖情况选择与 LTE 共享低频资源进行通信。在小区中心的位置，上行选择高频进行通信；在小区的边缘位置，上行选择低频进行通信，从而实现上行覆盖提升。这就是上下行解耦技术。

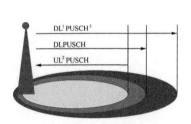

图 3-20　上下行覆盖不均衡问题

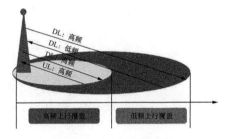

图 3-21　上下行解耦方案

1　DL（Download，下行）。
2　UL（Upload，上行）。
3　PUSCH（Physical Uplink Shared Channel，物理上行共享信道）。

3.4.2.3　新编码技术

编码就是通过添加冗余信息来保护有用信息，从而提升信息传递的可靠性。根据最新冻结的 R15 协议版本，在 5G 的 eMBB 场景中，控制信道采用的是 Polar 编码（极化码），业务信道采用的是 LDPC 编码。这两种编码方式，相比于 4G 使用的 Turbo 编码技术存在很多优势。从表 3-5 中可以看出，LDPC 相比于 Turbo，在解码性、解码时延、功耗等方面都有较大优势。

表 3-5　Turbo 编码与 LDPC 编码对比

对比项目	4G：Turbo	5G：LDPC
可解码性	30%	90%
解码时延	1	1/3
芯片大小	1	1/3
解码功能	1	1/3

Polar 相比于 Turbo，在同样的信噪比情况下，Polar 拥有更低的误码率。除此之外，LDPC 和 Polar 都拥有很高的编码效率。LDPC 和 Polar 编码可以做到添加更少的冗余保护信息，保证信息的可靠发送和接收，提升信息的传送效率，进而提升用户的峰值速率。Polar 编码与 Turbo 编码误码率比较如图 3-22 所示。

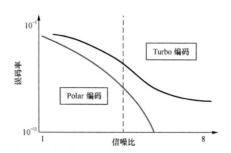

图 3-22　Polar 编码与 Turbo 编码误码率比较

3.4.2.4　无线网功能与设备形态重构

为实现无线侧网络切片和减少对承载网的带宽需求，5G 无线网进行了功能重构。基带处理单元（Building Base band Unit，BBU）被重构为集中单元（CU）和分布单元（DU）两个功能实体。其中，CU 处理无线网（Packet Data Convergence Protocol，PDCP）层以上的协议栈功能；DU 处理 PDCP 层以下的无线协议栈功能。时延不敏感的功能归到 CU，可采用云化设备集中部署；时延敏感的功能归到 DU，可以部署在靠近物理站点侧。CU 和 DU 间的传输带宽需求与业务流相当。BBU 与射频拉远单元（Radio Remote Unit，RRU）之间的接口也做了重新定义，新增强型通用公共无线接口（Enhanced Common Public Radio Interface，eCPRI）接口可以有效降低前传的带宽需求。

　　3G/4G 时代的无线网设备形态已经有过一次重大重构，即当前广泛采用的"BBU+RRU+ 无源天线"结构。由于 5G 系统采用的是 Massive MIMO 技术，其天线端口多、接线困难，且高频段信号的馈线损耗也明显加大，因此，5G 系统衍生出全新的由射频单元与天线整合的有源天线单元（Active Antenna Unit，AAU）形态。5G 无线网设备的主流形态因此可重构为两种：CU/DU 合设的"BBU+AAU"结构和 CU/DU 分离的"CU+DU+AAU"结构。5G 初期，CU/DU 合设的"BBU+AAU"结构将是首选，随着产品的逐渐成熟和业务的发展，CU/DU 分离的"CU+DU+AAU"结构也会得到应用。图 3-23 所示的是目前 5G 的主要基站设备产品形态。

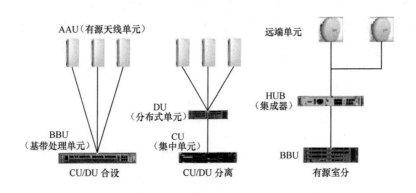

图 3-23　目前 5G 的主要基站设备产品形态

　　因为 AAU 是有源设备，目前无法与现网系统共用天馈系统，且其重量大、有散热需求，所以对安装空间、杆塔承重和美化罩散热等都提出了新的挑战。更大的问题出现在室内覆盖场景，因为 AAU 无法给传统的无源室内分布系统提供信号源，所以极大地限制了 5G 室内覆盖手段的多样性，如泄漏电缆的使用等问题。因此，"BBU/（CU+DU）+RRU+ 无源天线"结构的设备形态也不应该被 5G 放弃。

3.4.2.5　其他关键技术

1.帧结构

5G NR 定义了灵活的帧结构，满足大带宽、低时延、高可靠等不同需求。其中，灵活配置的特性主要体现在子载波间隔、系统带宽、帧时隙配比、时隙长短等方面。

5G NR 支持多种子载波间隔，包括 15kHz、30kHz、60kHz、120kHz。对于不同的业务可以配置不同的子载波间隔。例如，要求超短时延的业务，可以通过配置大子载波间隔，结合超短时隙，降低空口时延；对于低功耗大连接的物联网，可以配置小子载波间隔，集中能量传输，提高其覆盖能力。

2.参考信号

5G NR 采用了用户级的参考信号：解调参考信号（Demodulation Reference Signal，DMRS）、信道状态信息资源集合（Channel State Information Resource Set，CSI-RS）和信道探测参考信号（Sounding Reference Signal，SRS），没有采用小区级参考信号（Cell Reference Signal，CRS）。为了节能，5G 用户级参考信号只有在用户连接或调度时才发射相关的参考信号，同时也起到降低邻区干扰的作用，提升了系统容量。

3.双工方式

5G NR 在沿用了传统的 FDD 和 TDD 方式之外，还增加了辅助上行（Supplementary Up Link，SUL）、辅助下行（Supplementary Down Link，SDL）以及全双工等双工方式。其中，SUL 是指解耦传统的上 / 下行信道使用同一频段的要求，将低频频段提供给 5G 上行信道使用，从而可在 5G 高频信号的覆盖边缘提升上行信道的覆盖能力。

4.协议层优化

为实现端到端的网络切片，5G NR 用户面协议在 PDCP 分组数据汇聚协议层上增加了业务数据适配协议（Service Data Adapt Protocol，SDAP）；控制面协议在无线资源控制（Radio Resource Control，RRC）层增加了 RRC 非激活态 RRC INACTIVE，虽然在此状态下释放了空口资源但仍然保留了上下文信息，当有业务传输需求时，能快速建立 RRC 连接，从而降低时延，同时也起到终端节能的效果。

3.4.3　承载网

5G 业务低时延、高可靠、灵活连接 L3 下沉的需求，传送网需向新一代技术演进。面向 5G 传送承载主流技术以波分复用、分组交换技术为核心，目前业界三大主流 5G 承载方案为：无线接入网 IP 化（Internet Protocol Radio Access Network，IP RAN）、切片分组网（Slicing Packet Network，SPN）、移动优化的 OTN（Mobile-optimized OTN，M-OTN）3 种方案。

3.4.3.1　IP RAN关键技术

IP RAN 技术是一种以网络之间互连的协议（Internet Protocol，IP）/ 多协议标签交换（Multi-Protocol Label Switching，MPLS）协议为基础，主要面向移动业务承载，兼顾二三层通道类业务端到端承载技术，实现了承载方式由物理隔离到逻辑隔离的转变，在保障安全性的同时提升了网络承载的效率。IP RAN 实现业务逻辑隔离如图 3-24 所示。

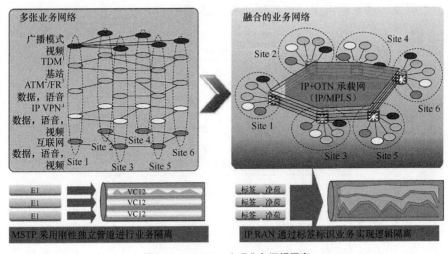

图 3-24　IP RAN 实现业务逻辑隔离

1　TDM（Time Division Multiplexing，时分复用网络）。

2　ATM（Asynchronous Transfer Mode，异步传输网络）。

3　FR（Frame Relay，帧中继网络）。

4　IP VPN（IP 虚拟网）。

面向 5G 的新承载需求，IP RAN 技术也在逐步完善，主要的关键技术包括：引入分段路由流量工程（Segment Routing-Traffic Engineering，SR-TE）/分段路由最优标签转发路径（Segment Routing-Best Effort，SR-BE）对原 MPLS 路由机制进行优化，提升 L3VPN 网络扩展性，并便于实现 SDN 管控；引入灵活以太网（Flexible Ethernet，FlexE）技术实现网络切片，提升多链路负荷分担性能，扩展 100GE/200G/400G 的链路带宽；采用 IEEE 802.1TSN 技术，降低分组转发的时延；采用 SDN 技术实现网络的智能运维和管控，支持高精度时间同步。

3.4.3.2　SPN关键技术

基于 PTN 架构 SPN 做了进一步的拓展和演进，采用基于 ITU-T 层网络模型，以以太网为基础技术，支持对 IP、以太、恒定比特率（Constant Bit Rate，CBR）业务的综合承载。SPN 技术架构分层包括切片分组层（Slicing Packet Layer，SPL）、切片通道层（Slicing Channel Layer，SCL）、切片传送层（Slicing Transport Layer，STL），以及超高时钟同步管理 /SDN 的统一控制功能模块组成。SPN 的网络分层模型如图 3-25 所示。

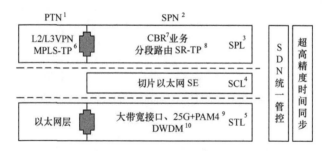

图 3-25　SPN 网络分层模型

1　PTN（Packet Transport Network，分组传送网）。

2　SPN（Slicing Packet Network，切片分组网）。

3　SPL（Slicing Packet Layer，切片分组层）。

4　SCL（Slicing Channel Layer，切片通道层）。

5　STL（Slicing Transport Layer，切片传送层）。

6　MPLS-TP（MPLS - Transport Profile，MPLS 传输配置）。

7　CBR（Constant Bit Rate，恒定比特率）。

8　SR-TP（Segment Routing Transport Profile，分段路由传送应用）。

9　PAM4（4 Pulse Amplitude Modulation，4 脉冲幅度调制）。

10　DWDM（Dense Wavelength Division Multiplexing，密集型光波复用）。

切片分组层（SPL）为不同业务提供不同的 L2/L3 层隧道，从而实现对 IP、以太、CBR 业务的寻址转发和承载管道封装，提供 L2VPN、L3VPN、CBR 透传等多种业务类型。SPL 基于 IP/MPLS/802.1Q/ 物理端口等多种寻址机制进行业务映射，提供对业务的识别、分流、QoS 保障处理。对分组业务，SPL 层提供基于分段路由增强的 SR-TP 隧道，同时提供面向连接和无连接的多类型承载管道。分段路由源路由技术可在隧道源节点通过一系列表征拓扑路径的分段信息（MPLS 标签）来指示隧道转发路径。相比于传统的隧道技术，分段路由隧道不需要在中间节点上维护隧道的路径状态信息。因此提升了隧道路径调整的灵活性和网络的可编程能力。SRTP 隧道技术是在分段路由源路由隧道的基础上增强运维能力，扩展为可支持双向隧道、端到端业务级 OAM 检测等功能。

切片通道层（SCL）为不同业务提供以太网层通道，并可基于时隙区分不同通道，为网络业务和分片提供端到端通道，通过切片以太网（Slicing Ethernet，SE）技术，对以太网物理接口、FLexE 绑定组实现时隙化处理，提供端到端基于以太网的虚拟网络连接能力，为多业务承载提供基于 L1 的低时延、硬隔离切片通道。基于 SE 通道的 OAM 和保护功能，可实现端到端的切片通道层的性能检测和故障恢复能力。

切片传送层（STL）是根据隧道的分层，实现具体的物理传送。切片传送层基于 IEEE 802.3 以太网物理层技术和 OIF FlexE 技术，实现高效的大带宽传送能力。以太网物理层包括 50GE、100GE、200GE、400GE 等新型高速率以太网接口，利用广泛的以太网产业链，支撑低成本大带宽建网，支持单跳 80km 的主流组网应用。对于带宽的扩展性和传输距离存在更高要求的应用。SPN 采用以太网 + DWDM 的技术，实现 10T 级别容量和数百千米的大容量长距组网应用。

SPN 的关键技术包括切片以太网、低时延提升、精准时间同步 3 个方面，具体描述如下。

1. 切片以太网，灵活的软硬隔离能力，满足业务间的隔离需求

基于以太网协议，SPN 在以太网 L2（MAC）/L1（PHY）之间的中间层增加

基于 OIF（光联网论坛）的 FlexE 接口，使业务实现基于时分的网络切割；并在 FlexE 与网络层之间引入 SCL 层，实现对切片网络资源的灵活管理与控制。

SPN 同时兼容以太网光模块和 MPLS/IP 协议栈，可支持基于 VLAN 的逻辑隔离、基于 FlexE 的物理隔离。FlexE 分片是基于时隙调度将一个物理以太网端口划分为多个以太网弹性硬管道，使网络既具备类似于 TDM（时分复用）独占时隙、隔离性好的特性，又具备以太网统计复用、网络效率高的特点。其中，在某一个 FlexE 切片中，SPN 还可对不同的业务进行基于 VLAN 的逻辑隔离。SPN 协议栈如图 3-26 所示。

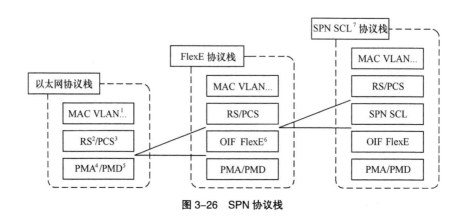

图 3-26　SPN 协议栈

1　MAC VLAN（Media Access Control Virtual Local Area Network，介质访问控制虚拟局域网）。

2　RS（Reconciliation Sublayer，协调子层）。

3　PCS（Physical Coding Sublayer，物理编码子层）。

4　PMA（Physical Medium Attachment sublayer，物理介质连接子层）。

5　PMD（Physical Medium Dependent sublayer，物理介质相子层）。

6　OIF FlexE（Optical Internet working Flexible Ethernet，光联网论坛灵活以太网）。

7　SPN SCL（Slicing Packet Network Slicing Channel Layer，切片分组网切片通道层）。

2. 低时延能力增强，保障业务承载

SPN 基于以太网 PCS 层 66B 交叉技术，时延性能显著降低，单跳设备转发时延为 5~10 μs，比传统分组交换设备提升了 5~10 倍，从而进一步保障了低时延承载的业务需求。

3. 高精度同步，保障终端授时同步需求

具备带内同步传输能力，时钟同步精度可达 ±5~10ns，可满足最为苛刻的同步精度的需求。SPN 高精准时钟同步技术如图 3-27 所示。

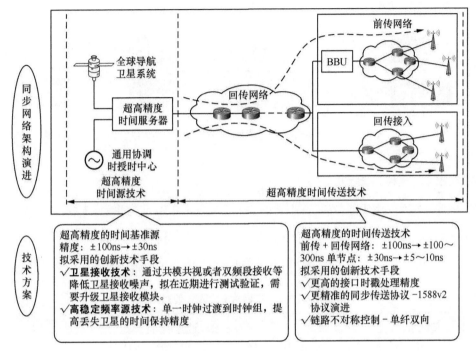

图 3-27　SPN 高精准时钟同步技术

3.4.3.3　M-OTN关键技术

M-OTN 技术是面向 5G 移动承载优化的 OTN 网络技术，它的定位是 5G 中后期的综合业务承载需求。M-OTN 技术的主要特征包括单级复用、更灵活的时隙结构、简化的开销等。它的目标是提供低成本、低时延、低功耗的移动承载方案。M-OTN 简化了 OTN 帧格式，采用单级复用，引入 25G/50G 接口，并集成了 L2 和 L3 功能。

2017 年 年 底， 中 国 通 信 标 准 化 协 会（China Communication Standards Association，CCSA）对行标《分组增强型光传送网（OTN）设备技术要求》进行修订已经立项。目前，工作组已完成标准修订版本的征求意见稿的讨论，计划于 2019 年年底之前完成标准送审稿的上会讨论。M-OTN 相关标准进展情况如图 3-28 所示。

图 3-28 M-OTN 相关标准进展情况

3.4.3.4 三种方案对比

前文已经介绍了业界三大主流的 5G 承载方案：SPN 方案、L3 OTN 方案、IP RAN 增强型方案。目前，中国电信倾向于使用 L3 OTN 方案；中国移动倾向于使用 SPN 方案。三种方案各自具备自己的优缺点，主要性能对比见表 3-6。

表 3-6 三种方案主要性能对比

网络分层	主要功能	SPN	M-OTN	IP RAN 增强
业务适配层	支持多业务映射和适配功能	L1 专线、L2VPN、L3 VPN、CBR 业务	L1 专线、L2VPN、L3VPN、CBR 业务	L2VPN、L3VPN
L2/L3 分组转发层	为 5G 提供灵活连接调度、OAM、保护、统计复用和 QoS 保障能力	Ethernet VLAN MPLS-TP SR-TP/SR-BE	Ethernet VLAN MPLS（-TP）SR-TE/SR-BE[1]	Ethernet VLAN MPLS（-TP）SR-TE/SR-BE
L1 TDM 通道层	为 5G 三大类业务及专线提供 TDM 通道隔离、调度、复用、OAM 和保护能力	切片以太网通道（SCL）	ODUK、ODUFlex	待研究
L1 数链路层	提供 L1 通道到光层适配功能	FlexE 或 Ethernet PHY[2]	ITU-T FlexO	Ethernet PHY 或 FlexE
L0 光波长传送层	提供高速光接口或波长传输、调度和组网	WDM[3] 彩光（可选）	已集成 WDM 彩光	WDM 彩光（可选）
SDN 管控方式	南向接口提供全网集中的控制功能，与分布式路由功能相结合。北向接口提供业务功能	SDN 的全集式式	可采用 SPN 或 IP RAN 的模式，未明确	分布式 IGP[4]/BGP[5] 协议 +SDN 集中管控

注：1　SR-BE（Segment Routing- Best Effort，分段路由最优标签转发路径）。
　　2　Ethernet PHY（Ethernet Physical，以太网物理层）。
　　3　WDM（Wavelength Division Multiplexing，波分复用）。
　　4　IGP（Interior Gateway Protocol，内部网关协议）。
　　5　BGP（Border Gateway Protocol，边界网关协议）。

第 4 章

5G 产业发展

本章介绍了 5G 频谱资源的整体规划，引出 5G 可使用的 Sub-6GHz 频段和毫米波频段，并给出了国内外运营商的 5G 频段规划。同时，对网络设备、终端和芯片等产业链重点环节的现状和发展进行了深入研究。最后介绍了我国国内的 5G 政策环境与国内三大运营商的 5G 网络试点进展。

|4.1 5G 频谱资源规划|

4.1.1 频谱资源简介

按照波长由长到短，电磁波包括无线电波、红外线、可见光、紫外线、X射线、γ射线等。无线电波又包括甚低频、低频、中频、高频、甚高频、特高频、极高频频段等。电磁波波长与频段如图 4-1 所示。

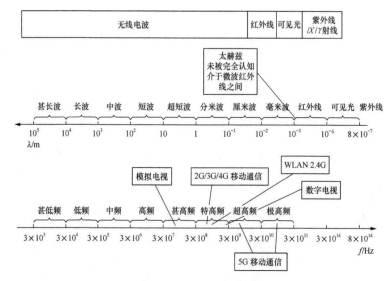

图 4-1 电磁波波长与频段

频率是最重要的无线系统资源。目前，2G/3G/4G 移动通信主要集中在特高频 URF，5G 的主要频段集中在超高频 SHF 和极高频 EHF，部分运营商（例如，中国移动）会重用特高频部分频段。各频段电磁波的用途见表 4-1。

表 4-1　各频段电磁波的用途

频段	波长	频率范围	用途
甚低频 VLF[1]	100km~10km（甚长波）	3kHz~30kHz	远距离导航、海底通信
低频 LF[2]	10km~1km（长波）	30kHz~300kHz	远距离导航、海底通信、无线信标
中频 MF[3]	1m~100km（中波）	300kHz~3MHz	海上无线通信、调幅广播
高频 HF[4]	100m~10m（短波）	3MHz~30MHz	业余无线电、国际广播、军事通信、远距离飞机、轮船间通信、电话、传真
甚高频 VHF[5]	10m~1km（超短波）	30MHz~300MHz	VHF 电视、调频双向无线通信、飞行器调幅通信、飞行器辅助导航
特高频 UHF[6]	1m~0.11m（分米波）	300MHz~3GHz	2G/3G/4G 蜂窝通信、5G 移动通信、UHF 电视、蜂窝电视、协助导航、雷达、GPS、微波通信
超高频 SHF[7]	0.1m~0.01m（厘米波）	3GHz~30GHz	5G 移动通信、卫星通信、雷达、微波通信
极高频 EHF[8]	0.01m~0.001m（毫米波）	30GHz~300GHz	5G 移动通信、卫星通信、雷达等
红外线	400μm~0.78μm	8×10^{11}~4×10^{14}Hz	光纤通信、探测、医疗
可见光	780nm~400nm	4×10^{14}~8×10^{14}Hz	—
紫外线	400nm~100nm	8×10^{14}~3×10^{15}Hz	光化学、灭雷

注：1　VLF（Very Low Frequency，甚低频）。

　　2　LF（Low Frequency，低频）。

　　3　MF（Middle Frequency，中频）。

　　4　HF（High Frequency，高频）。

　　5　VHF（Very High Frequency，甚高频）。

　　6　UHF（Ultra High Frequency，特高频）。

　　7　SHF（Super High Frequency，超高频）。

　　8　EHF（Extra High Frequency，极高频）。

4.1.2　5G 频谱整体规划

3GPP 已指定 5G NR 支持的频段列表，包括两大频率范围，具体内容见表 4-2。

表 4-2 5G NR 频率

频率范围名称	对应频率范围	最大信道带宽	说明
FR1	450MHz~6.0GHz	100MHz	Sub-6GHz 频段（低于 6GHz 的频段）
FR2	24.25GHz~52.6GHz	400MHz	毫米波频段

3GPP 为 5G NR 定义了灵活的子载波间隔，不同的子载波间隔对应不同的频率范围，5G NR 子载波间隔见表 4-3。

表 4-3 5G NR 子载波间隔

子载波间距	频率范围	信道带宽
15kHz	FR1	50MHz
30kHz	FR1	100MHz
60kHz	FR1，FR2	200MHz
120kHz	FR2	400MHz

5G NR 频段分为：FDD、TDD、SUL 和 SDL。其中，SUL 和 SDL 为补充频段，分别代表上行和下行。目前，3GPP 已指定的 5G NR 频段具体内容见表 4-4。

表 4-4 5G NR FR1（Sub-6GHz）频段

频段	上行（MHz）	下行（MHz）	带宽（MHz）	双工模式	双工间隔（MHz）	备注
n1	1920~1980	2110~2170	2×60	FDD	190	
n2	1850~1910	1930~1990	2×60	FDD	80	
n3	1710~1785	1805~1880	2×75	FDD	95	
n5	824~849	869~894	2×25	FDD	45	
n7	2500~2570	2620~2690	2×70	FDD	120	
n8	880~915	925~960	2×35	FDD	45	
n20	832~862	791~821	2×30	FDD	41	下行低于上行
n28	703~748	758~803	2×45	FDD	55	
n38	2570~2620	2570~2620	50	TDD	—	
n41	2496~2690	2496~2690	194	TDD	—	
n50	1432~1517	1432~1517	85	TDD	—	

续表

频段	上行（MHz）	下行（MHz）	带宽（MHz）	双工模式	双工间隔（MHz）	备注
n51	1427~1432	1427~1432	5	TDD	—	—
n66	1710~1780	2110~2200	70 + 90	FDD	400	上下行带宽不同
n70	1695~1710	1995~2020	15 + 25	FDD	300	上下行带宽不同
n71	663~698	617~652	2×35	FDD	46	下行低于上行
n74	1427~1470	1475~1518	2×43	FDD	48	
n75	N/A	1432~1517	85	SDL	—	下行补充频段
n76	N/A	1427~1432	5	SDL	—	下行补充频段
n77	3300~4200	3300~4200	900	TDD	—	—
n78	3300~3800	3300~3800	500	TDD	—	—
n79	4400~5000	4400~5000	600	TDD	—	—
n80	1710~1785	N/A	75	SUL	—	上行补充频段
n81	880~915	N/A	35	SUL	—	上行补充频段
n82	832~862	N/A	30	SUL	—	上行补充频段
n83	703~748	N/A	45	SUL	—	上行补充频段
n84	1920~1980	N/A	60	SUL	—	上行补充频段

目前，全球最有可能优先部署的 5G 频段为 n77、n78、n79、n257、n258 和 n260，即 3.3GHz~4.2GHz、4.4GHz~5.0GHz 和 26GHz/28GHz/39GHz。5G NR FR2（毫米波）频段见表 4-5。

表 4-5　5G NR FR2（毫米波）频段

频段	上行（MHz）	下行（MHz）	带宽（MHz）	双工模式	双工间隔（MHz）
n257	26 500~29 500	26 500~29 500	3000	TDD	—
n258	24 250~27 500	24 250~27 500	3250	TDD	—
n260	37 000~40 000	37 000~40 000	3000	TDD	—

4.1.3　中国运营商频率资源

目前，中国三大通信运营商均形成了 2G/3G/4G 网络并存的局面，中国移动拥有 2×49 MHz FDD 频率资源、145MHz TDD 频率资源；中国联通拥有

2×56 MHz FDD 频率资源、40MHz TDD 频率资源；中国电信拥有 2×50 MHz FDD 频率资源、40MHz TDD 频率资源。三大运营商合计拥有 2×155 MHz FDD 频率资源、225MHz TDD 频率资源。

4.1.4　中国 5G 频率规划

2017 年 11 月，工业和信息化部发布了 5G 系统在 3000MHz~5000MHz 频段的频率使用规划，规划 3300MHz~3600MHz 和 4800MHz~5000MHz 频段作为 5G 系统的工作频段。其中，3300MHz~3400MHz 频段原则上限于在室内使用。

2018 年 12 月，工业和信息化部明确了中国三大通信运营商 5G 试验频率的分配方案。2019 年 6 月 6 日，工业和信息化部已正式向中国移动、中国电信、中国联通、中国广电发放 5G 运营牌照。其中，中国移动、中国电信、中国联通的频谱资源划分基本明确，而中国广电的频谱分配，在本书编制时，仍未明确。所以对于广电的频谱划分，目前还没完全确定，本书暂不讨论。中国移动、中国电信、中国联通的频谱分配见表 4-6。

表 4-6　中国 5G NR 试验频率资源分配

运营商	网络	3GPP 频段	上 / 下行（MHz）	带宽（MHz）	双工方式
中国移动	5G NR	n41	2515~2675[1]	160	TDD
	5G NR	n79	4800~4900	100	TDD
	合计			260	
中国电信	5G NR	n77 或 n78	3400~3500	100	TDD
中国联通	5G NR	n77 或 n78	3500~3600	100	TDD
总计				460	

注：1　内含 4G 频段 2555MHz~2655MHz 的 100MHz 重耕，其中，需中国联通退出 2555MHz~2575MHz 的 20MHz 带宽，中国电信退出 2635MHz~2655MHz 的 20MHz 带宽，其余 60MHz 带宽已为中国移动持有。

5G 各频段的比较见表 4-7。

表 4-7 5G 各频段的比较

类别	2.6GHz（n41）	3.5GHz （n77 或 n78）	4.9GHz（n79）
覆盖能力	较好	较差	差
产业链成熟度	落后	领先	落后
现有室分系统	支持，可升级	不支持，不可升级	不支持，不可升级
高铁、隧道等场景	现有泄漏电缆支持该频段	现有泄漏电缆不支持，不可升级	现有泄漏电缆不支持，不可升级
国际漫游支持率	低	高	高

按此方案，中国移动将获得相对较多的频率资源，其已于 2.6GHz 频段部署了大量 4G 基站，且现有室分系统和泄漏电缆支持 2.6GHz 频段，因此一旦产业链成熟，可以预期中国移动 5G 网络的建设将会相当顺利；但是 2.6GHz 和 4.9GHz 频段产业链的成熟度相对落后，中国移动需要投入更多的时间和精力促进产业链的成熟。中国电信和中国联通则获得了国际主流的频段，产业链成熟度相对领先，但是 3.5GHz 频段的覆盖能力相对较差，且现有室分系统和泄漏电缆不支持该频段，因此其 5G 网络建设将面临更大的挑战。

该方案尚未明确 3300MHz~3400MHz 室内频率和 4900MHz~5000MHz 频率的分配。其中，室内频率带宽仅为 100MHz，若分割使用会造成资源浪费，若共享使用则是比较合适的选择。

4.1.5 国外运营商的 5G 频段规划

日本运营商重点考虑 27.5GHz~29.5GHz，兼顾 4.9GHz，计划在东京奥运会期间提供 5G 高频段服务。

韩国运营商前期重点考虑 28GHz，并在 2018 年冬奥会上使用高频段提供了 5G 接入服务，中后期将考虑 3.5GHz（3.4GHz~3.7GHz）。

欧盟计划使用 700MHz/3.4GHz~3.8GHz 为 5G 先发频率，通过 700MHz 实现 5G 广覆盖，利用 3.4GHz~3.8GHz 抢占先机，并计划使用 24.25GHz~27.5GHz 为主要高频段。

目前，美国运营商 T-Mobile 已宣布用 600MHz 建 5G。美国将抢

跑 5G 毫米波部署，已规划使用 28GHz（27.5GHz~28.35GHz）、37GHz（37GHz~38.6GHz）、39GHz（38.6GHz~40GHz）、64GHz~71GHz，并开始研究中频段（3.7GHz~4.2GHz）。

|4.2　网络、芯片及终端发展|

4.2.1　各主流厂家网络研发进度

目前，全球主流的 5G 网络设备制造厂商主要包括华为、爱立信、诺基亚、中兴等。各大通信设备制造商均已经推出端到端的 5G 网络解决方案和产品。

4.2.1.1　华为

在 5G 无线网络方面，华为基于 5G 基站核心芯片华为天罡，提出了极简 5G 基站的概念，提供 5G 全频段、全场景、全制式的产品解决方案。华为天罡芯片在算力方面可以实现 2.5 倍运算能力的提升，搭载最新算法及波束赋形，单芯片可控制 64 路通道，支持 200MHz 运营商频谱带宽。

在 5G 传输网方面，华为提出了 X-Haul 解决方案，可提供前传、后传全覆盖的整体解决方案。在回传场景，华为发布 5G 路由器，支持高性价比 50GE 接入环组网，并兼容 100GE；针对无光纤接入场景，推出了 5G-ready 的微波解决方案，实现 10GE 到站；在前传场景，华为发布了 100G 室外型波分，可节省 90% 光纤资源。同时，华为 X-Haul 可通过网络云化引擎（Network Cloud Engine，NCE）对 IP、光和微波等进行集中协同和编排，设备层面引入 Segment Routing/EVPN 等协议统一业务模型，从而实现承载网的全生命周期自动化管理。同时，采用 FlexE（灵活以太）技术实现端到端网络分片，实现运营商网络新业务的快速创新。

在 5G 核心网方面，华为提出 5G 极简核心网的概念，基于微服务的软件架构、SBA+ 网络架构和增强型计算平台，实现实时业务敏捷、网络自治和单 Bit 成本超摩尔定律。通过最小化路测技术（Minimization of Drive-Tests，

MDT）、M-MIMO 立体优化、4G/5G 协同优化等关键能力实现网络性能提升；通过 5G 新业务的可评、可视、可优，可动态提升差异化业务体验；通过人工智能（Artificial Intelligence，AI）技术封装运维资产，提升整体系统的自动化智能化水平。

4.2.1.2　爱立信

在 5G 无线网方面，为了解决 5G 时代对新频段、运营商场址建设、无线容量的需求，爱立信推出了多款全新的双频段、三频段和高性能 Massive MIMO 无线射频单元。另外，爱立信推出了 5G 新空口（NR）虚拟化软件，可管理大批用户的数据流量，将数据流量的处理功能在网络中进行集中化部署，从而为部分部署场景提供更大的灵活性。

在 5G 传输网方面，爱立信推出全新的 MINI-LINK 6200 微波系列产品，提供面向 5G 的长距微波解决方案，可实现高达 10Gbit/s 的传输能力。另外，爱立信还在扩展路由器和前传产品组合，推出光纤加微波的组合型传输解决方案。

在 5G 核心网方面，爱立信对云化核心网（Cloud Core）产品组合进行了升级，推出多款产品，可同时支持 5G 独立组网和 5G 非独立组网以及之前各代组网。双模 5G 云化核心网产品是云原生的解决方案，可实现自动化容量管理及高效稳健运营。该解决方案还提供了高性能用户平面，可以满足 5G 用例的需求。此外，该解决方案还提供开放式应用编程接口，支持基于 5G 功能（如网络切片及边缘计算）的创新。

4.2.1.3　诺基亚

在 5G 无线网方面，诺基亚提出了 AirScale 解决方案。AirScale 可在一个基站中同时运行多种无线技术，包括 2G、3G、TDD-LTE、FDD-LTE、LTE Advanced 和 LTE Advanced Pro 集成电信级无线保真（Wireless-Fidelity，Wi-Fi）接入，支持 5G 技术、支持 5G 的高速、大连接及低时延需求，并且支持无线接入网络云化部署。

在 5G 传输网方面，诺基亚推出了 Anyhaul 移动承载解决方案。本方案包

括用于前传、中传和回传的 5G ready 解决方案，分为微波、光纤、IP 和宽带 4 个部分。诺基亚的 5G 承载方式一开始以 10 GE 站点连接作为标准，并在整个单板上实现 SDN 和虚拟化，提供可编程的 IP 互连以满足更高的业务要求。

在 5G 核心网方面，诺基发布了 CPC 解决方案。CPC 使用云原生架构，其中包括软件解耦，采用"更有效的状态"处理机制即无状态软件设计以及公共数据层。CPC 支持网络切片以及集中式和分布式部署模型，以实现灵活的扩展性、高性能、高灵活性和高可靠性。

4.2.1.4　中兴

在 5G 无线网方面，中兴在积极推动 Massive MIMO 技术，并基于 Massive MIMO 技术，推出 5G 基站解决方案，具有多模支持能力。

在 5G 传输网方面，中兴推出 5G Flexhaul 承载解决方案，并陆续推出了多款 5G 承载产品。中兴通讯 5G Flexhaul 解决方案基于 SDN 的 SR 和 FlexE 技术，提供简化的可编程 IP 连接。5G Flexhaul 采用基于 FlexE 拓展的 FlexE Channel，可实现超低延迟转发和快速业务保护切换，以满足 5G 严格的 QoS 要求。中兴通讯提出了 3A（精确时间源、高级时间戳、自适应时间算法）同步解决方案，可以实现 ±100ns 以内端到端的同步精度。

在 5G 核心网方面，中兴发布了面向商用的全融合 Common Core 解决方案，即一张融合核心网同时支持 2G/3G/4G/5G/ 固定接入，可逐步实现向目标网络的平滑演进。Common Core 作为云原生 5G 核心网的解决方案，可同时支持 NSA 和 SA 架构，帮助运营商快速构建敏捷高效的融合核心网，以满足垂直行业等各种应用场景，并采用 3GPP 标准服务化架构和控制与用户面分离（Control and User Plane Separation，CUPS）技术，可进一步提升系统的运维效率和资源利用率。

4.2.1.5　其他厂家

在 5G 方面，三星已开始布局，并在持续推进当中。2016 年，三星加入中国移动 5G 联合创新中心，同年 8 月双方共同完成 5G 毫米波的关键技术测试。2017 年 12 月 1 日，三星与日本电信巨头 KDDI Corp 携手，成功在时速超过

100km 的火车上，首度实现了在 5G 网络下的数据传输，传输速度达到 1.7Gbit/s。日本 KDDI Corp 公司表示，将与三星持续为 5G 进行实测，为了实现在 2020 年推出 5G 网络的目标。

思科的超级分组核心网（Ultra Packet Core，UPC）利用其在 IP 和虚拟网络的领先地位，推出了满足当前 4G 网络需求的解决方案，并支持 VoLTE，Wi-Fi 呼叫，物联网和 5G 等业务。思科的超服务平台（Ultra Services Platform，USP）为所有虚拟化网络和移动应用程序和功能提供支持，并为 UPC 提供了空间。思科推出了 Ultra-M，以抓住规模略小的网络和垂直市场机遇。

4.2.2 主流终端和芯片进展

5G 终端芯片的厂家目前主要有华为、高通、三星等，华为的终端芯片主要提供给华为的 5G 终端使用，三星的终端芯片主要提供给三星的 5G 终端使用，除华为、三星以外的终端厂家大部分使用的是高通公司的 5G 芯片。5G 主要终端芯片及终端厂家如图 4-2 所示。苹果公司因为与高通公司的专利大战，从 2016 年开始，苹果公司放弃了一直合作的高通公司的基带芯片，转向与英特尔公司合作，并推出了 iPhone XS 及之后一系列的产品。但于 2019 年 4 月，苹果公司宣布于高通公司和解，预计后续 iPhone 5G 手机将继续采用高通公司的骁龙基带芯片。

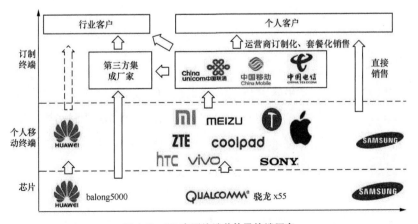

图 4-2 5G 主要终端芯片及终端厂家

5G 终端包括无线客户终端设备（Customer Premise Equipment，CPE）和个人手机终端两个部分。5G 终端主要的市场也分为两个部分：普通民用市场和行业市场。其中，普通民用市场涉及民用 CPE 和个人手机终端；行业市场主要是行业订制 CPE。在普通民用市场中，CPE 预计在 2019 年的第三季度可进入民用，手机终端预计在 2020 年后可逐步进入民用。行业市场由于产业空间尚未明确，定制化前期投入成本较高，预计至少到 2020 年的第二季度可用于商用产品。

生态链中的各个环节都在关注行业订制 CPE 的发展，目前，已经实现行业定制 CPE 和普通民用 CPE 同步发展，相对于以往移动通信的进展，这一发展进步比较明显。例如，在 4G 时代，行业订制的进度一般落后普通民用 2~3 年。5G 终端商用进展情况如图 4-3 所示。

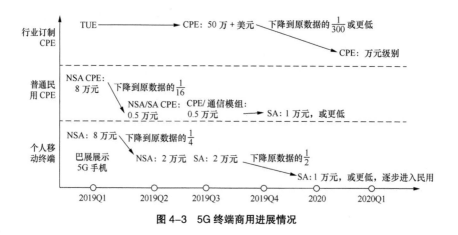

图 4-3　5G 终端商用进展情况

4.2.2.1　高通

高通公司早在 2016 年就发布了一款支持 5G 网络的芯片——骁龙 x50。在 2017 年 10 月，高通宣布成功实现全球首个正式发布的 5G 数据连接，基于高通骁龙 x50 的 5G 调制解调器芯片组，在 28GHz 毫米波频段上实现了数据连接。高通骁龙 x50 芯片如图 4-4 所示。这项具有里程碑意义的技术成果使 5G 商用又迈进了一步。

2018 年 2 月 8 日，高通宣布"骁龙 x50" 5G 芯片组已被小米、华硕、富士通公司、富士通连接技术有限公司、HMD Global（诺基亚手机生产公司）、HTC（宏达电子公司）、Inseego/Novatel Wireless、LG、NetComm Wireless、NETGEAR、OPPO、夏普、Sierra Wireless、索尼移动、Telit、vivo、闻泰、启碁等定点生产（Original Equipment Manufacturer，OEM）厂商采用，将在2019 年推出 5G 终端。

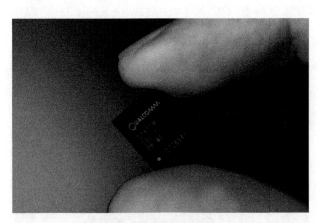

图 4-4　高通骁龙 x50 芯片

与此同时，全球多家无线网络运营商也已经选择"骁龙 x50"的 5G 调制解调器芯片组用于在 6GHz 以下和毫米波频段开展的 5G 新空口移动试验，包括 AT&T、英国电信、中国电信、中国移动、中国联通、德国电信、KDDI、韩国电信公司、LG Uplus、NTT DoCoMo、Orange、新加坡电信、SK 电信、Sprint、Telstra、TIM、Verizon 和沃达丰。

2018 年 2 月 27 日，高通在"世界移动通信大会（Mobile World Congress，MWC）2018"重磅发布了"骁龙 5G 模组"解决方案。该解决方案在几个模组产品中集成了一千多个组件，支持 OEM 厂商仅通过组合几个简单模组就可进行设计，避免了采用一千多个组件打造其终端的复杂性。该模组产品集成了涵盖数字、射频、连接和前端功能的组件。其中，关键组件包括应用处理器、基带调制解调器、内存、电源管理集成电路（Power Management Integrated Circuit，PMIC）射频前端、天线和无源组件，为 OEM 厂商提供优化的解决方案，支持他们以更低成本和更少时间便捷地投产。

4.2.2.2 华为

2019 年 1 月 24 日，华为召开 5G 发布会暨"MWC 2019"预沟通会，首款商用 5G 芯片——Balong 5000 Modem（巴龙 5000 调制解调器）正式推出。华为 Balong 5000 的芯片如图 4-5 所示。该芯片凭借着单芯多模、200MB 宽带、最快上下行速率、上下行链路解耦、独立组网（SA）和非独立组网（NSA）双架构、业界首款支持 R14 V2X（Vehicle to every thing，即车对外界的信息交换）六项全球领先技术。与高通的骁龙 x50 芯片相比，骁龙 x50 芯片仅支持 5G，华为 Balong 5000 支持 2G/3G/4G/5G；华为 Balong 5000 上传 / 下载速率更快，支持 NSA 和 SA 双架构。

图 4-5　华为 Balong 5000 芯片

2019 年 2 月 24 日，华为在 2019 世界移动通信大会（MWC）上正式发布了具有划时代意义的 5G 折叠屏手机——HUAWEI Mate X，成为华为 2019 年发布的首款 5G 手机。HUAWEI Mate X 搭载业界首款 7nm 工艺的多模 5G 终端芯片 Balong 5000，单芯片支持 2G/3G/4G/5G 多种网络制式；其下载速率先实现前所未有的 5G 峰值下载速率，在 Sub-6GHz 频段实现 4.6Gbit/s（理论值）；全球率先同步支持 SA 和 NSA 组网方式，当运营商切换到 SA 组网时无须换机，这是一款真正的 5G 手机。

4.2.2.3 三星

2018 年 8 月，三星电子正式宣布推出 5G 基带 Exynos Modem 5100，采用

10nm 的制程工艺。Exynos Modem 5100 是一款全网通基带芯片，能够支持包括 2G GSM/CDMA，3G WCDMA，TD-SCDMA，高速分组接入网（High-Speed Packet Access，HSPA）和 4G LTE。三星 Exynos Modem 5100 芯片如图 4-6 所示。此外，三星的 Exynos Modem 5100 基带除了完全符合 3GPP 的 5G 标准之外，还增加了 4G 的信号搜寻强度，4G 的下载速度可以达到 1.6Gbit/s。而在 6GHz 频段下，5G 最高的下载速度理论上为 2Gbit/s，换算下来为 250MB/s。

图 4-6 三星 Exynos Modem 5100 芯片

|4.3 国内外 5G 试点情况|

4.3.1 国内 5G 试验网

4.3.1.1 政府推动5G发展的系列政策

2018 年年底，中央经济工作会议重新定义了基础设施建设，把 5G、人工智能、工业互联网、物联网定义为"新型基础设施建设"，并将基础设施建设列为 2019 年重点工作之一。

2019 年两会期间，5G 被众多产业界代表委员所关注，腾讯公司、小米公司、浪潮集团、长安汽车、中国联通等代表委员提出与 5G 相关的提案议案，代表们纷纷指出 5G 是未来一段时间主要信息基础设施和技术竞争的关键领域。

5G 不仅会给个人用户移动上网带来更快更好的体验，还对互联网企业、创业者以及传统行业来说，都是非常巨大的机会。

为配合"加快 5G 商用步伐"的要求，近两年，北京、上海、广东、浙江、江苏、四川等地方政府纷纷出台了刺激 5G 发展的各项政策。

2019 年 1 月，北京市经济和信息化局发布《北京市 5G 产业发展行动方案（2019 年 -2022 年）》。此方案介绍了网络建设、技术发展和产业发展 3 个目标。要求到 2022 年，该市运营商 5G 网络投资总额累计超 300 亿元，实现首都功能核心区、城市副中心、重要功能区、重要场所的 5G 网络覆盖；5G 产业实现收入约 2000 亿元，拉动信息服务业及新业态产业规模超过 1 万亿元。

2018 年 10 月 29 日，上海市人民政府办公厅发布了《上海市推进新一代信息基础设施建设助力提升城市能级和核心竞争力三年行动计划（2018-2020 年）》。计划中提出：在 5G 方面，上海要实施 5G 先试先行及深度应用，开展外场技术试验，稳步推进试商用，规模部署 1 万个 5G 基站，率先在国内开展商用。

2018 年 5 月 18 日，广东省人民政府办公厅发布了《广东省信息基础设施建设三年行动计划（2018-2020 年）》。此计划提出广东将重点发展新一代移动通信网络，计划在 2018 年年底前，以 5G 网络站址布局为重点，制定各市移动通信铁塔站址建设规划，支持通信设备制造企业、电信运营企业参与全球 5G 标准制定，并争取在三年之内全面启动珠三角城市 5G 网络规模化部署，建设的全省 5G 基站达到 0.73 万座。2019 年 1 月，广东省政府工作报告里提出，在珠三角城市群启动 5G 网络部署，加快 5G 建设的商用步伐。

2018 年 7 月，浙江印发了《关于推进 5G 网络规模试验和应用示范的指导意见》，浙江于 2018 年启动 5G 试验建设和应用测试，2019 年开展部分重点区域试商用，2020 年进入全省 5G 网络规模部署并实现快速商用，并力争杭州成为全球 5G 建设的"先行城市"。

2019 年 5 月，江苏省人民政府办公厅印发了《关于加快推进第五代移动通信网络建设发展若干政策的通知》。此通知中提出，在 5G 网络的布局规划、建设审批、资源开放、设施保护、产业发展等方面出台一系列政策举措，大力支持江苏 5G 网络的建设发展。

2019 年 2 月初，四川省成都市印发《成都市促进 5G 产业加快发展的若干政策措施》，明确要鼓励高校院所、行业龙头企业牵头建设 5G 产业技术研究院，紧密结合市场需求开展技术研发、技术转移和成果转化，最高给予 2 亿元支持。为加大资金支持，设立总额不低于 50 亿元的 5G 产业基金，坚持市场化运作，支持 5G 优秀企业发展。

4.3.1.2　国内运营商5G试点网络部署情况

2017 年，多部委开始介入 5G 试点，工业和信息化部联合科学技术部于 2017 年 9 月启动"5G 重大课题专项"，要求三大运营商开始进行 5G 试点，每个运营商试点至少覆盖 3 个城市，试点时间为 2018 年 6 月到 2020 年 6 月，为期两年，试点侧重于加速端到端产品的成熟、探索 5G 的规划、组网和优化，为 5G 商用做准备，最终确定试点范围：移动有 5 个城市、电信有 6 个城市，联通有 4 个城市。2017 年 11 月，发改委发布"新一代信息基础设备建设通知"，要求落实 5G 试验网建设，要求每个运营商覆盖 12 个城市，试点周期为 2018 年 6 月到 2020 年 6 月，侧重于端到端典型场景应用示范。

为落实国家多部委要求，三大运营商纷纷开展试点工作。

2018 年 12 月，中国移动集团公司副总裁李正茂在中国移动 5G 创新合作峰会上表示，中国移动在全国有 17 个实验城市。其中，在杭州、上海、苏州、广州、武汉 5 个城市进行 5G 规模实验。此外，中国移动还将在北京、成都、深圳、青岛、天津、福州、武汉、南京、贵阳、沈阳、郑州和重庆 12 个城市开展应用示范。

中国联通已陆续在北京、雄安、沈阳、天津、青岛、南京、上海、杭州、福州、深圳、郑州、成都、重庆、武汉、贵阳、广州和张家口 17 个城市进行 5G 试验。

中国电信已陆续在北京、雄安、深圳、上海、苏州、成都、兰州、南京、福州、重庆、杭州、海口等 17 个城市进行试验。

运营商试验网的主要目标是联合产业各方，通过各种测试来面向商用及技术攻关，探索组网运营模式。规模试验主要包含 3 个方面的内容：在实验室测试的基础上，在外场进行端到端的打通；经过多厂家的互动测试，面向多场景的实验，为网络的优化、规划、建设、运营做好储备；深入垂直行业的应用，形成端到端的解决方案，探索新兴商务模式。

4.3.2 国外 5G 试验网

在国外经济发达的国家，很多电信运营商已开展 5G 试点网络的部署工作，同时也提出了具体商用的时间计划。国外 5G 试点分布如图 4-7 所示。

美国已抢跑 5G 高频段部署，助力其保持互联网创新发展的主导地位。T-Mobile（一家跨国移动电话运营商）与诺基亚合作，将推出一张覆盖全美国的 5G 多频段网络；同时，T-Mobile 还计划进一步升级现有的 4G LTE 网络，为 4G 与 5G 用户提供先进的无线接入网络支持，计划在 2020 年年底完工。Verizon（威瑞森电信）率先发布了 5G 高频无线标准，初期用于固定接入，计划等标准的 5G 硬件推出后，即等到 2019 年下半年推出 5G 服务。

日本计划维持 4G 时代优势，并助力其在机器人 /AR/VR 等领域的产业优势。目前，日本计划在 2020 年东京奥运会前部署 4.5GHz 的 5G 商用系统，提供热点覆盖，支持东京奥运会。NTT DoCoMo（日本的一家电信公司）正组织十多家主流企业开展 5G 试验。

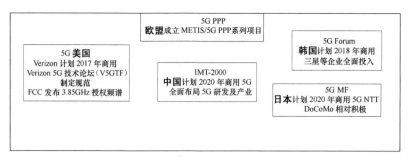

图 4-7 国外 5G 试点分布

韩国通过升级 5G 网络基础设施，助力其"创新经济"。韩国于 2018 年年

初开展了 5G 预商用试验，支持平昌奥运会。韩国电信公司 KT 宣布将在 2019 年提供全球首个商用 5G 移动网络，比原计划 2020 年提前 1 年。

欧盟力图重新建立通信行业的领先地位，助力"数字经济"发展。目前，欧盟已明确将 700MHz/3.4GHz~3.8GHz 作为 5G 先发频率，并依托 5G PPP 项目，2017 年开始进行样机时延，2018 年启动了 5G 预商用试验，计划在 2020 年实现商业部署。

第 5 章
5G 行业应用及行业前景

"5G 改变社会"，5G 不仅向个人 / 家庭提供更快、更好、更丰富的信息化体验，也将实现与各行各业深度融合，影响整个社会和经济的发展，助推制造强国、网络强国建设，促进社会升级转型。

5G 行业应用按大类可以分成个人家庭类业务、智慧社会两类。

个人家庭类应用包括视频 VR/AR、个人 AI 辅助、车联网及自动驾驶、网联无人机、无线家庭娱乐、社交网络等，此类行业应用对带宽和网络时延的敏感度较高。

智慧社会类应用包括智慧能源、无线医疗、智能制造、智慧城市等，此类应用对网络时延、连接规模等均有较高的要求。

| 5.1 5G 行业应用场景 |

5.1.1 视频 VR/AR

虚拟现实（VR）与增强现实（AR）是能够彻底颠覆传统人机交互内容的变革性技术。如果要实现 VR/AR 应用，则需要大量的数据传输、存储和计算功能。这些数据和计算密集型任务如果转移到云端，就能利用云端服务器的数据存储和高速计算能力，同时采用云端服务器，将大大降低客户侧的设备成本，从而可以提供人人都能负担得起的产品使用价格。

VR/AR 将成为移动网络应用中最具有潜力的大流量业务。虽然现有 4G 网络的平均吞吐量可以达到 100 Mbit/s，但一些高阶 VR/AR 应用则需要更高的速度和更低的延迟，只有 5G 网络拥有的高速度、低时延等特性才能满足。VR/AR 连接需求及演进阶段如图 5-1 所示。

预计到 2025 年，VR 和 AR 的市场总额将达 2920 亿美元。其中，AR 为 1510 亿美元，VR 为 1410 亿美元，移动运营商在 VR/AR 中的可参与空间将超过 930 亿美元，约占 VR/AR 市场总规模的 30%。

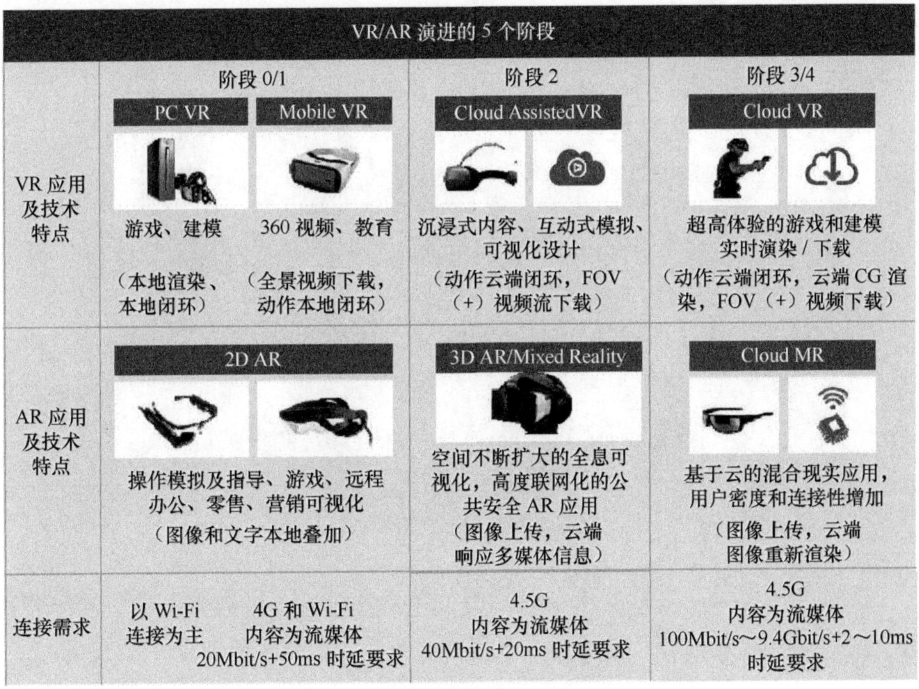

图 5-1　VR/AR 连接需求及演进阶段

5.1.2　个人 AI 辅助

伴随着智能手机市场的成熟，可穿戴和智能助理将有望引领下一波智能设备的普及。目前，由于受电池的使用时间，网络延迟和带宽限制，个人可穿戴设备通常采用 Wi-Fi 或蓝牙进行连接，所以个人可穿戴设备需要经常与计算机和智能手机配对，无法作为独立设备存在。

而 5G 可解决上述电池使用时间、网络延迟和带宽限制等问题。端到端网络延迟将从 60~80 ms 下降到 10 ms 以下。5G 上行带宽将到达 10 Gbit/s，可允许高清图像和视频的上传。此外，5G 网络边缘的缓存能力和计算能力也将极大地提高终端的响应时间和电池效率，进而可提高用户体验。5G 支持的可穿戴设备如图 5-2 所示。

5G 在个人 AI 辅助应用领域包括消费者领域和企业业务领域两个方面。

在企业业务领域，可穿戴设备将为制造和仓库工作人员提供"免提"式信

息服务。云端 AI 使可穿戴设备具有 AI 能力，如搜索特定物体或人员。

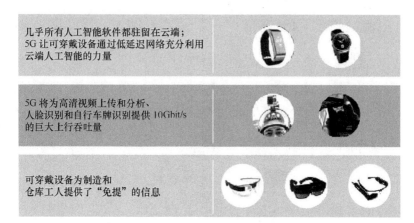

图 5-2　5G 支持的可穿戴设备

在消费者领域，导盲头盔可以利用计算机视觉、三维建模、实时导航和定位技术为盲人提供新的"眼睛"。导盲头盔示意如图 5-3 所示。

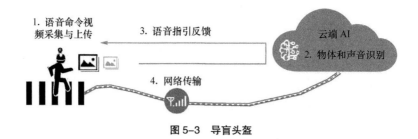

图 5-3　导盲头盔

人体的神经网络时延为 100ms，而 AI 处理时延有望从 180ms 降低到 80ms，对于网络时延要求需小于 20ms。不同阶段导航头盔的速率和时延要求见表 5-1。

表 5-1　不同阶段导航头盔的速率和时延要求

阶段	数据速率	时延
阶段 1：单方向视野，人工辅助	>6 Mbit/s	50ms
阶段 2：四方向视野，AI 导航	>30 Mbit/s	<20 ms

据估计，从 2017 年到 2022 年，可穿戴设备的年复合增长率将达到

16.4%，发货量从 2017 年的 2.03 亿件到 2022 年的 4.34 亿件。体育、健身和健康追踪设备在 2022 年仍是可穿戴设备主要的细分市场，此部分设备占据了发货量的 36%；智能手表占据了发货量的 19%；可穿戴相机占据了发货量的 11%；医疗保健占据了发货量的 9%。配合 5G 无处不在的覆盖范围、更高的数据速率和更低的延迟，个人可穿戴设备可以部署在关键业务的场景中。例如，公共安全、采矿和远程医疗等场景。

5.1.3　车联网及自动驾驶

对于汽车产业而言，联网的作用超越了传统的娱乐和辅助功能，成为道路安全和汽车革新的关键推动力。车联网将使传统的汽车市场得到彻底变革。

自动驾驶、编队行驶、车辆生命周期维护、传感器数据抓包等关键技术，驱动了汽车产业的变革。这些技术的实现都需要安全、可靠、低延迟和高带宽的连接。在高速公路和密集城市中，这些连接特性至关重要。远程控制驾驶要求当终端到终端（End-to-End，E2E）时延控制在 10ms 以内时，并且在时速 90km 下远程紧急制动所产生的刹车距离不超过 25cm。目前，只有 5G 可以同时满足这样严格的要求。

5G 有可能成为未来车联网统一的承载技术，满足未来共享汽车、远程操作、自动和协作驾驶等连接要求，替代或者补充现有的连接技术。例如，目前正在美国被授权使用机动车车辆间（Vehicle-to-Vehicle，V2V）技术的 5.9GHz 通用短程通信技术（Dedicated Short Range Communication，DSRC）。在车辆实现完全自动驾驶之前，5G 将支持编队行驶和远程 / 遥控驾驶的应用。

1. 编队行驶

卡车和货车的自动编队行驶比人类驾驶员更加安全。车辆之间靠得更近，能节省燃油，提高货运运输的效率。编队具有灵活性，车辆在驶入高速公路时自动编队，离开高速时自动解散。2~3 辆车即可组成编队，相邻车辆之间进行直接或车路通信。对于较长的编队，消息的传播需要更长的时间。制动车辆和同步车辆要求低时延的网络通信，对于 3 辆以上的编队，更需要 5G 网络来

传输。

2. 远程 / 遥控驾驶

车辆由远程控制中心的司机操作，而不是车辆中的人来驾驶。远程驾驶可以用来提供高级礼宾服务，使乘客可以在途中工作或参加会议；也可提供出租车服务；同时适用于无驾照人员，或者生病、醉酒等不适合开车等情况。往返时延（Round Trip Time，RTT）需要小于 10ms，使系统接收和执行指令的速度达到人感知不到的速度，也需要 5G 网络来传输。

2017 年 6 月，中国移动、上海汽车和华为首次共同展示了 5G 远程 / 遥控驾驶。上汽集团的智能概念车 iGS 搭载了华为 5G 解决方案。在 5G 超低时延（小于 10ms）的支持下，汽车的转向、加速和制动等实时控制信号得到了保障。

通过为汽车和道路基础设施提供大带宽和低时延的网络，5G 能够提供高阶道路感知和精确导航服务。根据 ABI Research 预测，到 2025 年，5G 连接的汽车将达到 5030 万辆。汽车的典型换代周期是 7~10 年，因此联网汽车将在 2025~2030 年会有大幅增长。

5.1.4 联网无人机

无人驾驶飞行器（Unmanned Aerial Vehicle，UAV）简称为无人机，准确来说，无人机就是一种利用无线遥控或程序控制来执行特定航空任务的飞行器。目前，无人机被广泛用于社会的各个领域，给人们的工作和生活带来了很大的改变。例如，无人机播洒农药、无人机物流、无人机拍摄电影、无人机灯光秀等。

无人机在使用过程中，除了无人机本身的设备之外，还有地面的控制系统。目前应用中的无人机，主要还是人为控制的，主要使用遥控系统进行操控。遥控器和无人机之间的数据传输，主要采用 Wi-Fi 或蓝牙的方式。采用 Wi-Fi 控制无人机飞行示意如图 5-4 所示。

Wi-Fi 或蓝牙的通信距离非常有限。以 Wi-Fi 为例，它通常只能控制在 300~500m 的视距范围以内（特定条件限制下，可以达到 1km 以上）。蓝牙的通信范围就更小了，所以，这种通信传输方式在很大程度上约束了无人机的飞行范围。

图 5-4　采用 Wi-Fi 控制无人机飞行示意

于是，人们想出了一个全新的无人机通信方式，那就是网联无人机。网联无人机就是利用蜂窝通信网络来连接和控制的无人机。简单来说，就是利用基站来联网无人机。相对于 Wi-Fi，蜂窝基站拥有更广阔的覆盖范围，蜂窝基站将使无人机的通信传输更加灵活、可靠。

无人机与地面的通信主要有 3 种目的：图传、数传和遥控。其中，图传对无人机通信能力的要求是最高的。以图传为例，Wi-Fi 技术和 4G 对图传的支撑能力见表 5-2。

表 5-2　Wi-Fi 和 4G 对无人机图传的支持情况

通信技术	距离限制	分辨率
Wi-Fi 点对点通信	不超过 500m	1080P（分辨率 1920×1080）
4G LTE 蜂窝通信技术	理论上可以说是不受距离限制	720P（分辨率 1280×720）

若使用无人机航拍，因为无人机与地面的距离较远，720P 或 1080P 的分辨率并不算清晰，特别是在特定的场景下，例如，查看设备指示灯和人脸识别等场景，还是不能满足用户的需求。

在定位方面，现有的 4G 网络在空域定位精度约为几十米。如果采用全球定位系统（Global Positioning System，GPS）定位，精度大约在米级，在一些需要更高定位精度的应用方面，例如，园区物流配送、复杂地形导航等，就必须要考虑增加基准站来提供辅助，只有采取这种方式，才能实现高定位精度。

在覆盖空域方面，4G 网络只能覆盖空域 120m 以下的范围应用。在 120m 以上的一些高空需求，例如，高空测绘、干线物流场景，无人机容易出现失联状况。

总而言之，目前，在 4G 网络和 Wi-Fi 网络下使用的无人机，应用场景限制较多，用户受众规模太小，导致在消费市场，无人机难以得到普及，也制约着它的长远发展和价值。

5G 的理论带宽可以达到 20Gbit/s 及以上。目前，在已建设的实验网络中，5G 的速率普遍达到了 1Gbit/s。这个速度是 4G LTE 的 10 倍以上。在这个速率的支持下，720P 和 1080P 的视频需求完全可以满足，即使是 4K 甚至是 8K 的超高清视频也都能得到完美的支持。

5G 网络还具有超低时延的特性，能够提供毫秒级的传输时延（低于 20ms，甚至达到 1ms，4G LTE 的传输时延是 50ms 以上）。这将使无人机可以更快地响应地面的命令，地面操作人员对无人机的操控更加精确。

5G 还可以提供厘米级定位精度，这个定位精度远超 LTE 的十米级和 GPS 的米级。如此一来，5G 完全可以满足城区等复杂地形环境的飞行需求。

5G 所采用的 Massive MIMO 大规模天线阵列和波束赋形技术，可以灵活自动地调节各个天线发射信号的相位，不仅是水平方向，还包括垂直方向。此技术有利于一定高度目标的信号覆盖，满足国家对 500m 以内低空空域监管的要求，同时也满足未来城市高楼环境下无人机 120m 以上的飞行需求。

在无人机的飞行数据安全保障方面，相比采用 4G 或 Wi-Fi 的通信传输，5G 也有明显的优势。5G 的数据传输过程更加安全可靠，无线信道不容易被干扰或入侵。

无人机能够支持诸多领域的解决方案，可以广泛应用于建筑、石油、天然气、能源、公用事业和农业等领域。5G 技术将增强无人机运营企业的产品和服务，以最小的延迟传输大量的数据。根据 ABI Research 的估计，小型无人机市场将从 2016 年的 53 亿美元迅速增长到 2026 年的 339 亿美元。这个数据包括来自软件、硬件、服务和应用服务的收入。无人机服务提供商正在利用云技术拓展其应用范围，同时通过产业合作来拓展市场空间。

5.1.5 无线家庭娱乐

据统计截止到 2016 年 8 月，全球共有近千万个 4K（4096×2160 的像素分辨率）/ 超高清（Ultra High Definition，UHD）电视用户。4K/UHD 电视机已经占据了全球 40% 以上的市场份额，8K（7680×4320 的像素分辨率）电视机即将面市。据预测，因为市场中更低的价格和新的服务订阅模式的需求，2020 年全球将会有一半的电视观众开始使用 4K/8K 电视。

8K 视频的带宽需求超过 100 Mbit/s，需要 5G 固定无线接入（Wireless To The x，WTTx）的支持。其他基于视频的应用（例如，家庭监控、流媒体和云游戏）也将受益于 5G WTTx。

目前，云游戏平台通常不会提供高于 720P 的图像质量，因为大部分的家庭网络还不够先进。但是 5G 有望以 90 帧每秒（Frames Per Second，f/s）的速度提供响应式和沉浸式的 4K 游戏体验，这将使大部分家庭的数据速率高于 75 Mbit/s，延迟低于 10ms。云端游戏对终端用户设备的要求较低，所有的处理都将在云端进行。用户的互动将被实时传送到云中进行处理，以确保高品质的游戏体验。

网络的带宽越高，视频流的质量越好。在高峰使用时间内，高清电视和云游戏也必须保证有可靠的连接。而 5G 可以应对网络容量的这一重大挑战。2016 年里约奥运会期间，实现了世界首次 8K 现场直播。日本公共广播电台 NHK 测试了 8K 电视广播，播放了开闭幕式，游泳比赛和田径比赛。此外，韩国在 2018 年的平昌冬奥会进行了 8K 直播。NHK 计划在 2020 年东京奥运会期间进行 8K 直播。

固定无线接入（WTTx），它的意思为使用移动网络技术而不是使用固定线路为家庭提供互联网接入。由于使用了现有的站点和频谱，WTTx 可快速方便部署。与其他技术相比，实施 WTTx 所需的资本支出要低得多。据澳大利亚公司 NBN 称，WTTx 部署比光纤到户的成本降低了 30%~50%。WTTx 为移动运营商省去了为每户家庭铺设光纤的工作，大大减少了在电线杆、线缆和沟槽上花费的资本支出。5G WTTx 组网示意如图 5-5 所示。

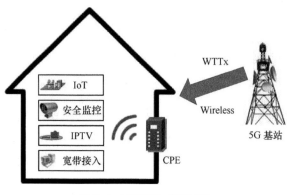

图 5-5 5G WTTx 组网示意

不需要挖沟、铺设光缆或安装电线杆，WTTx 可以大大缩短网络部署的周期。2017 年底，固定宽带的用户达到 8.54 亿户，相当于全球住户的 44%。据预测，到 2020 年，3.5 亿户家庭有可能购买 WTTx 服务。

5.1.6　社交网络

随着移动视频业务的不断发展，目前，市场上视频业务已从传统观看点播视频内容发展到以新模式创建和消费视频内容。目前，最显著的两大趋势是社交视频和移动实时视频。一方面，一些领先的社交网络平台推出了直播视频；另一方面，直播视频的社交性，包括视频主播和观众之间以及观众与观众之间的互动，正在推动移动直播视频业务在中国的广泛应用和直接货币化。消费者也在通过个人可穿戴设备来更新自己的家庭和朋友的社交网络。这些可穿戴设备可以实时视频直播，甚至是 360° 视频直播，分享运动、步数，甚至是他们的心情。

社交网络的流行表明用户对共享内容（包括直播视频）的接受度日益增加。直播视频不需要网络主播事先将视频内容存储在设备上，然后上传到直播平台，而是将视频直接传输到直播平台上，观众几乎可以同步观看。智能手机的内置工具依靠移动直播视频平台，可以保证主播和观众互动的实时性，使这种新型的"一对多"直播通信比传统的"一对多"广播更具互动性和社交性。另外，观众之间的互动也为直播视频业务增加了"多对多"的社交维度。预计未来沉浸式视频将会被社交网络工作者、极限运动玩家、时尚博主和爱好新潮产品的人所广泛使用。Facebook（脸书）于 2017 年第 1 季度推出了 360° 直播视频平台，使创作者和观众更容易参与其中。主播们可以在 Facebook 上分享分辨率高达 4K 的 360° 直播视频。

目前，4G 网络可以支持视频直播，但 5G 网络将更有优势。5G 端到端的网络延迟将从 60~80 ms 下降到 10 ms 以内；高清视频输入通常需要 50 Mbit/s 的带宽，但由于用户对 4K、多视角、实时数据分析的需要，所有网络带宽的需求可能会高达 100 Mbit/s。而只有 5G 网络才能满足这样的大带宽、低时延的要求。另外，5G 提供的 10 Gbit/s 上行吞吐量将允许更多用户同时分享高清视频。

目前，流媒体录像设备从手机摄像头发展到 360° 全景，从 480P 发展到 4K VR。市场中大约有 50% 的移动数据流量来源于视频。云视频服务的货币化正在加速，预计内容分发网络、视频托管服务和在线视频服务的市场空间将从 2020 年的 60 亿美元增加到 2025 年的 100 亿美元。

5.1.7　智慧能源

在发达市场和新兴市场，许多能源管理公司开始部署分布式馈线自动化系统。馈线自动化（Feeder Automation，FA）系统实现了将可再生能源整合到能源电网，具有降低运维成本和提高可靠性等优势。

在发达的市场，供电的可靠性预计为 99.999%，这意味着每年的停电时间不到 5 分钟。而在新兴能源微网中的太阳能、风力发电机和水力发电会为电网带来不同程度的负荷，因为故障定位和隔离可能需要大约两分钟的时间，所以目前的集中供电系统难以满足其需求。

能源公司正在向智能分布式馈线自动化方向迈进。分布式馈线自动化系统从集中式故障通知系统中解脱出来，可以快速响应中断，运行拓扑计算，快速实现故障定位和隔离。目前，智能分布式馈线自动化系统需要光纤布线来提供连接。

由于 5G 可提供毫秒级的网络延迟和 Gbit/s 级别的吞吐量，因此基于 5G 的无线分布式馈线系统可以作为替代方案。由于 5G 技术采用授权频段，因此移动运营商除了可以提供高水准服务等级的协定外，还可以提供身份验证和核心网信令安全。另外，能源供应商通过从运营商租用智能分布式馈线系统所需的专用网络切片，进行智能分析并实时响应异常信息，从而实现更快速准确的电网控制。5G 让能源更智慧示意如图 5-6 所示。

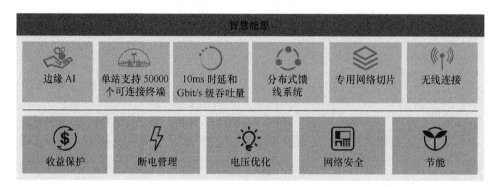

图 5-6　5G 让能源更智慧示意

根据 ABI Research 的预测数据，全球配电自动化市场将从 2015 年的 130 亿美元增加到 2025 年的 360 亿美元。5G 可以取代配电自动化中现有的光纤基础设施，可提供小于 10ms 的网络时延和 Gbit/s 级的吞吐量，实现无线分布式控制。5G 也降低了许多新兴市场能源供应商的准入门槛。5G 的低延迟、广覆盖和快速部署允许智能电网进行高速的信息交换，这在以可再生能源为主要电源的市场中非常有用。

5.1.8　无线医疗

人口老龄化加速已经在欧洲和亚洲等地区呈现比较明显的趋势。从 2000 年到 2030 年的 30 年中，全球超过 55 岁的人口占比将从 12% 增长到 20%。一些国家如英国、日本、德国、意大利、美国和法国等将会成为"超级老龄化"国家，由于这些国家超过 65 岁的人口占比将会超过人口比例的 20%，因此将会需要更先进的医疗水平作为老龄化社会的重要保障。

在过去 5 年，移动互联网在医疗设备中的使用正在增加。医疗行业开始采用可穿戴或便携设备集成远程诊断、远程手术和远程医疗监控等解决方案。

通过 5G 连接到 AI 医疗辅助系统，医疗行业将有机会开展个性化的医疗咨询服务。人工智能医疗系统可以嵌入医院的呼叫中心、家庭医疗咨询助理设备、本地医生诊所，甚至是缺乏现场医务人员的移动诊所。它们可以完成很多任务。例如，实时的健康管理，可跟踪病人、病历；推荐治疗方案和药物，并建立后续预约功能；智能医疗综合诊断，并将情境信息考虑在内，如遗传信息，患者的生活方式和患者的身体状况等；通过 AI 模型对患者进行主动监测，在必要时改变治疗计划。这些应用对连接提出了不间断保障的要求，需依赖 5G 网络的低延迟和高业务质量（QoS）保障特性。

例如，在某些偏远岛屿放置远程 B 超机器人，能够为该地区的人提供远程 B 超诊断服务，即时连接陆上的医生和临床医师进行咨询，从而降低了在偏远岛屿上生活的人的就医成本。这种远程 B 超应用对信号反馈时延非常高，要求端到端时延在 10ms 范围内。远程医疗的速率和时延要求见表 5-3。

表 5-3　远程医疗的速率和时延要求

项目	阶段	数据速率	时延
远程内窥镜	阶段 1：光学内窥镜	12Mbit/s	35ms
	阶段 2：360°4K+ 触觉反馈	50Mbit/s	5ms
远程超声波	阶段 1：半自动，触觉反馈	15Mbit/s	10ms
	阶段 2：AI 视觉辅助，触觉反馈	23Mbit/s	10ms

预计在 2025 年，智慧医疗市场的投资将超过 2300 亿美元。5G 将为智慧医疗提供所需的连接。在北美以及德国和北亚市场，医疗保健领域的技术发展较快。新兴的应用包括基于云的数据分析、AI 医疗辅助、5G 救护车通信和远程诊断等。在最新的调查中发现，医疗领域 42% 的受访者已经制定了部署 5G 的计划，并确信 5G 将作为先进医疗解决方案。

5.1.9　智能制造

创新是制造业的核心，其主要发展方向有精益生产、数字化、工作流程以及生产柔性化。在传统模式下，制造商依靠有线技术来连接应用。近些年，Wi-

Fi、蓝牙和 Wireless HART 等无线解决方案也已经应用于制造车间，但这些无线解决方案在带宽、可靠性和安全性等方面都存在局限性。对于最新最尖端的智慧制造应用，灵活、可移动、高带宽、低时延和高可靠性的通信是基本的要求。5G 的智能制造应用如图 5-7 所示。

eMBB	mMTC	uRLLC
无线工业相机	状态监控	无线云化 PLC[2]
工业传感器	资产跟踪	
远程控制	云化 AGV[1]	机器人同步
边缘计算分析	物流和库存监控	

图 5–7　5G 的智能制造应用

1　AGV（Automated Guided Vehicl，自动导引运输车）。
2　PLC（Programmable Logic Controller，可编程控制器）。

智能制造的基本商业理念是通过更灵活高效的生产系统，更快地将高质量的产品推向市场，其主要优点包括：通过协作机器人和 AR 智能眼镜帮助整个装配流程中的工作人员提高工作效率。协作机器人需要不断交换分析数据以同步和协作自动化流程。智能眼镜使员工能够更快、更准确地完成工作。通过基于状态的监控、机器学习、基于物理的数字仿真和数字孪生手段，准确预测未来制造中的性能变化，从而优化系统的维护计划并自动订购零件，减少设备的停机时间和维护成本。通过优化供应商内部和外部数据的可访问性和透明度，降低物流和库存成本。基于云的网络管理解决方案确保智能制造在安全的环境中共享数据。

在 MWC2017 展会上，华为和库卡展示了 5G 协作机器人，两台机器人以同步方式一起敲鼓。库卡创新实验室报告显示网络时延低至 1ms，可靠性达 99.999%。

博世预测未来智能制造对多数据源的实时数据分析网络有着重大的需求。2017 年 6 月，博世在其 mPad 移动控制单元上展示了其无线可编程逻辑控制器（PLC）软件。mPad 通过 5G 连接控制博世 APAS 协作机器人，用户可以从 mPad 配置和监控机器人，而 Wi-Fi 对于这些操作来说可靠性不能保证。此外，博世还计划使工作站与 AR 眼镜和协作机器人进行通信。在可穿戴设备、眼镜和机器人上的传感器会发出警报，以便在工作人员接近或准备停止机器人的时候减慢机器人，防止其对工作人员造成安全威胁。主动辅助系统、AR 和机器人之间的通信需要无线技术，而 5G 能够提供足够的带宽和超高的可靠性。

如果制造企业要充分利用工业物联网的机会，就需要实施涵盖供应链、生产车间和整个产品生命周期的端到端解决方案。2017 年底，全球有 1800 万个状态监测连接，到 2025 年，这一数字将上升到 8800 万。全球工业机器人的出货量也将从 36 万台增加到 105 万台。目前，固定线路在工业物联网的连接数量方面占主导地位。但预测显示，从 2022 年到 2026 年，5G 工业物联网（Industrial Internet of Things，IIoT）的平均年复合增长率（Compound Annual Growth Rate，CAGR）将达到 464%。

5.1.10　智慧城市

智慧城市的应用包括智慧路灯、智慧交通信号、智慧停车，以及监控摄像头等。特别是监控摄像头在智慧城市中的应用，不仅提高了城市运行的安全性，而且也大大提高了企业和机构的工作效率。

视频系统对繁忙的公共场所（广场、活动中心、学校、医院）、商业领域（银行、购物中心、广场）、交通中心（车站、码头）、主要十字路口、高犯罪率地区、机构和居住区、防洪（运河、河流）、关键基础设施（能源网、电信数据中心、泵站）等监控场景非常有价值。

未来智慧城市的监控场景主要通过部署 AI 辅助的多摄像头来进行城市范围内的广泛应用。AI 辅助的多摄像头监控场景可以使计算机从图像、声音和文本中提取大量的数据，如人脸识别、车辆、车牌识别或其他视频分析。例如，视频监控系统对入侵者的检测可以触发有关门禁的自动锁定，在执法人员到达之前将入侵者控制住。另外，视频监控系统还可能由其他系统触发。例如，POS系统每次进行交易时都可以传输信号到视频监控系统，并提醒摄像机在交易之前和之后记录交易场景。

单个无线摄像机目前不消耗太多的带宽，4K 图像传播也仅需要 20Mbit/s 左右带宽。但随着云和移动边缘计算的推出，电信云计算基础设施可以支持更多的人工智能辅助监控应用，摄像头则需要 7×24 小时不间断且多摄像头 360°无死角地进行视频采集以支持这些应用，对视频的分辨率和数据传输速率的要求更高。AI 辅助的无线监控摄像机的速率和分辨率要求见表 5-4。

表 5-4   AI 辅助的无线监控摄像机的速率和分辨率要求

阶段	数据速率	分辨率
阶段 1：单摄像头监控	20Mbit/s	4K
阶段 2：AI 辅助的多摄像头监控	> 60Mbit/s	360° 4K+

无线视频监控系统能够拓展更多有用的应用场景，同时简化系统的部署。英国已经部署了 600 万台摄像机。其他国家正在加紧部署视频监控设备。在北京，监控摄像机的密度是每千人 59 个摄像机。5G 时代的视频监控正在演变成 4K 全高清监控。2017 年非消费者视频监控市场的增值服务收入约为 120 亿美元，预计这一数据到 2025 年将增长至 210 亿美元。

5.2   场景小结及未来行业发展判断

5G 在行业推动需要有两个要素：一是产业规模够大，例如，车联网、智慧能源行业等行业，只有产业规模够大，才能驱动行业往更加智能化的方向发展；二是产业有强大的推动力和整合能力，例如，电力能源、智慧城市等，电网和政府在推动力和资源整合能力上都具备一定的优势。在 5G 初期满足上述两个要素的行业可预见有较好的先发优势。

另外，AR/VR 的普及受限于传统通信网络的带宽和时延限制，未能得到较好的发展，5G 的 eMBB 场景将会解决这些制约因素，虽然 5G 可能会带来 AR/VR 市场的爆发式发展，但仍然需要解决内容安全监管的问题。

无人机等行业应用受限于各种政策因素、监管问题，可能在短期内难以形成规模市场。智能制造行业企业分布零散、智慧医疗缺少强大的整合能力，需要产业链上下游进一步的整合发展，才能形成规模市场效应。

第 6 章

智能电网概述

本章是关于智能电网的整体概述，主要介绍了智能电网的定义、内涵、建设目的及其战略意义，同时以美国、欧洲、日本、韩国、中国为例，基于全球各地区不同的发展情况，归纳了智能电网的国内外发展现状。并围绕"安全、可靠、绿色、高效"的总体目标，剖析了智能电网五大重点领域（清洁友好的发电、安全高效的输变电、灵活可靠的配电、多样互动的用电、智慧能源与能源互联网）的未来发展趋势。根据智能电网对通信承载的总体需求，提出了智能电网对电力通信网的新挑战。

| 6.1　智能电网定义及内涵 |

　　智能电网是指一个完全自动化的供电网络，其中的每个用户和节点都能得到实时监控，并保证了从发电厂到用户端电器之间的每个节点上的电流和信息的双向流动。通过广泛应用的分布式智能和宽带通信及自动控制系统的集成，它能保证市场交易的实时进行和电网上各成员之间的无缝连接及实时互动。

　　美国电科院智能电网框架所涉及的关键技术和功能模块如图 6-1 所示。

　　国家发展改革委、国家能源局联合印发《关于促进智能电网发展的指导意见》（发改运行〔2015〕1518 号），文中明确指出"智能电网是在传统电力系统基础上，通过集成新能源、新材料、新设备和先进传感技术、信息技术、控制技术、储能技术等新技术，形成的新一代电力系统，具有高度信息化、自动化、互动化等特征，可以更好地实现电网安全、可靠、经济、高效运行。"

　　智能电网的概念涵盖了提高电网科技含量、提高能源综合利用效率、提高电网供电可靠性，促进节能减排、促进新能源利用、促进资源优化配置等内容，是一项社会联动的系统工程，最终实现电网效益和社会效益的最大化，代表着未来发展方向。智能电网以包括发电、输电、配电、储能和用电的电力系统为对象，应用数字信息技术和自动控制技术，实现从发电到用电所有环节信息的双向交流，系统地优化电力的生产、输送和使用。总体来看，未来的智能电网应该是一个自愈、安全、经济、清洁的并且能够提供适应数字时代的优质电力网络。智能电网基本环节如图 6-2 所示。

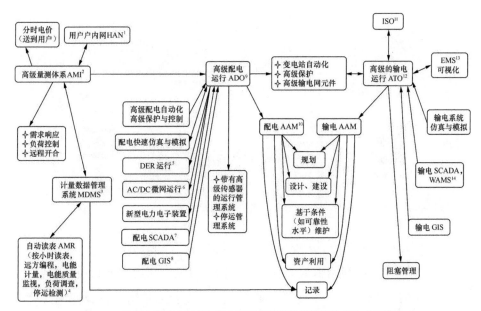

图 6-1　美国电科院公开的智能电网框架所涉及的关键技术和功能模块

1　HAN（Home Area Network，用户户内网）。

2　AMI（Advanced Metering Infrastructure，高级量测体系）。

3　MDMS（Metering Data Management System，计量数据管理系统）。

4　AMR（Automatic Meter Reading，自动读表）。

5　DER（Distributed Energy Resources，分布式能源）。

6　AC/DC（Alternating Current，交流电：DC Direct Current，直流电）。

7　SCADA（Supervisory Control And Data Acquisition，数据采集与监视控制系统）。

8　GIS（Geographic Information System，地理信息系统）。

9　ADO（Advanced Distribution Operations，高级配电运行）。

10　AAM（Advanced Asset Management，高级资产管理）。

11　ISO（International Organization for Standardization，国际标准化组织）。

12　ATO（Advanced Transmission Operations，高级输电运行）。

13　EMS（Energy Management System，能源管理系统）。

14　WAMS（Wide Area Measurement System，广域监测系统）。

智能电网的主要建设目的可以概括为以下 7 个方面。

（1）提高电网稳定性

实现大系统的（以抵御事故扰动为目的）安全稳定运行，降低大规模停电的风险，最大化设备的使用率。

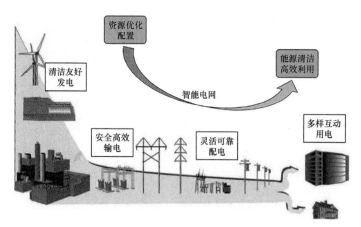

图 6-2　智能电网基本环节

（2）提高电网设备利用效率

由于电网设备的负荷曲线峰谷差比较大，致使现实电网的利用系数较低，一年内只有少数时间资产是被完全使用的。可以通过削峰填谷缩小负荷曲线峰谷差，对可平移负荷的投切担负起调频的任务，起到旋转储备的作用。

（3）提高电网企业经营管理手段

加强资产管理、提高资产利用率、节能降损、提高客户信用度评价等。

（4）分布式电源（Distributed Energy Resources，DER）、清洁能源、可持续发展能源的利用

（5）服务社会

减少用户停电时间、提高电能质量、减少投诉；节能降损、低碳环保。

（6）互动经济

为进一步实现与用户的互动，需要开放零售电力市场和开发高透明度的用户界面，以促使电力公司与用户友好合作，实现双赢：消减峰荷和获得更具弹性的负荷需求响应，提高现实电网的利用率，支持电网安全运行；同时为用户提供多种选择性，不仅省钱，而且舒适和方便。

（7）通过电价手段调整市场需求、引导用电

通过电力市场配套问题、价格或其他机制引导居民用电消费。

智能电网和传统电网特征对比见表 6-1。

表 6-1 智能电网和传统电网特征对比

特征	传统电网	智能电网
使用户能够积极参与电网优化运行	电价不透明，缺少实时定价，用户的选择很少	提供充分的电价信息，分时/实时定价，有许多方案和电价可供用户选择
提供发电/储能	中央发电占优，少量 DG[1]、DR[2]、储能或可再生能源	兼容所有发电和储能方式。除大型集中发电外有大量"即插即用"的分布式电源（发电和储能）辅助集中发电
开发新的产品、服务和市场	有限的趸售市场，未能很好地集成	建立成熟、健壮、集成的电力市场。能够确保供电可靠性、为市场参与者带来利益、为供应商创造市场机会、为消费者提供用电管理的灵活工具
为数字经济提供高质量的电能	关注停运，不关心电能质量	保证电能质量，有各种各样的质量/价格方案可供选择
优化资产利用和高效运行	资产管理较松散	电网的智能化同资产管理软件深度集成，以确保资产使用的最优化、提高运行效率、降低成本和在更少人为参与的情况下设备运行时间更长
预测及应对系统干扰（自愈）	扰动发生时保护资产（保护跳闸）	防止断电，减少影响。在没有或很少人为参与的情况下独立地识别系统干扰并加以应对；进行持续的预测分析来检测系统中存在的和可能存在的问题并执行主动的预防性控制
灵活应对袭击和自然灾害	对恐怖袭击和自然灾害脆弱	具有快速恢复能力，可抵御外界对系统物理设施（变电站、电杆、变压器等）和信息网络（市场、软件系统、通信）的侵袭。在系统遇到威胁时，其大量的传感器和智能设备可以进行预警和反应；其自愈能力能够帮助抵抗自然灾害；通过持续监测和自我测试可以减轻恶意软件和黑客的攻击

注：1　DG（Distributed Generation，分布式发电）。
　　2　DR（Demand Response，需求响应）。

智能电网贯穿了电力系统的各个环节，是推动能源革命的重要手段，是构建清洁低碳、安全高效现代能源体系的核心，也是支撑社会发展的基石。

1. 智能电网贯穿电力系统的各个环节

随着科学技术水平的不断发展，电力早已遍及人类生产和生活的各个领域，电气化成为社会现代化水平和文明进步的重要标志。电力工业是保障国民

经济可持续发展的重要的基础产业，某些方面其发展水平可代表一个国家经济社会的发展程度。

可再生能源规模开发、大量接入，其随机性、波动性将给以传统化石能源为主的电力系统安全稳定运行带来挑战，分布式能源的广泛使用也将对传统用户侧无源网络造成影响。为应对能源发展新模式下电力行业面临的问题和挑战，世界各国的电网都在提升自动化、数字化、信息化、互动化、智能化的方向不断发展。智能电网逐渐成为未来电网的发展方向，是电网面对新能源接入和系统安全可靠挑战的必然选择，是电网技术发展的必然趋势，是社会经济发展的必然要求。

支撑新能源、分布式电源的广泛开发和高效利用，大幅提高清洁能源在能源终端消费中的占比，改变能源供给和消费模式，实现能源资源的优化配置，是发展智能电网的核心目标。其实现路径在于充分结合先进的能源利用技术、开放共享的互联网理念和创新的市场化机制，广泛部署灵活的交、直流设施，推动"源－网－荷－储"协同，实现多种能源的综合优化配置，全方位地提升系统的灵活性和适应性。

因此，智能电网的发展必须贯穿电力系统的发、输、配、用各个环节，通过构筑开放、多元、互动、高效的能源供给和服务平台，实现电力生产、输送、消费各环节的信息流、能量流及业务流的贯通。通过对电网的柔性化、灵活性改造，服务发电侧主动响应系统运行需求、负荷侧主动参与系统调节，综合调配能源的生产和消费，满足可再生能源的规模开发和用户多元化的用电需求，促进电力系统的整体高效协调运行。

2. 智能电网是推动能源革命的重要手段

能源是人类社会赖以生存和发展的重要物质基础，人类文明的每次重大进步都伴随着能源的改进和更替。人类社会进入工业文明以来，化石能源的使用大大促进了人类文明进程的发展，同时也带来了资源枯竭、环境污染、气候变化、能源安全等现实问题。面对上述问题，世界各国围绕全球新一轮科技革命和产业变革，立足于本国国情积极探索能源转型发展的路径。能源革命的实质在于能源的高效利用和绿色低碳。智能电网作为电力系统的发展方向和能源体系中的重要一环，在能源革命中发挥着关键的推动作用，主要体现在以下4个方面。

（1）助力能源消费革命

智能电网通过广泛开展需求侧响应，提供多样互动的用电服务，促进分布式能源发展，提高终端能源利用效率，使能源消费从单一的、被动的、通用化的利用模式向融合多种需求和服务的、主动参与的、定制化的高效利用模式转变。

（2）助力能源供给革命

智能电网满足大规模可再生能源开发和分布式能源的广泛利用，建立多元供应体系，提升资源优化配置能力和安全可靠运行水平，保障能源供给的安全和可持续发展，使能源供给从集中的、大规模的、以传统化石能源为主向分布式能源、新能源成为主要能源之一的绿色低碳模式转变。

（3）推动能源技术革命

智能电网通过促进新能源、储能、电力电子设备、通信信息等核心产业研发部署，推动高比例可再生能源电网运行控制、主动配电网、能源综合利用系统、大数据应用等关键技术突破，带动上下游产业的转型升级，全面提升我国能源的科技和装备水平。

（4）推动能源体制革命

智能电网通过建立多元互动能量流通平台，还原能源的商品属性，构建有效竞争的市场体系和开放共享的能源创新机制，使能源体制从垂直一体的垄断机制向开放共享的市场机制转变。推动中长期能量市场、现货市场、辅助服务市场等市场机制的逐步建立，更好发挥市场配置资源的决定性作用，促进能源的高效利用和资源的优化配置。智能电网是推动能源革命的重要手段如图6-3所示。

3. 智能电网是现代能源体系的核心

智能电网具有高度信息化、自动化、互动化等特征，能够提高电网接纳和优化配置多种能源的能力，满足可再生能源、分布式能源发展，促进化石能源清洁高效利用和开放共享的能源体制机制建立，符合能源发展趋势的要求。

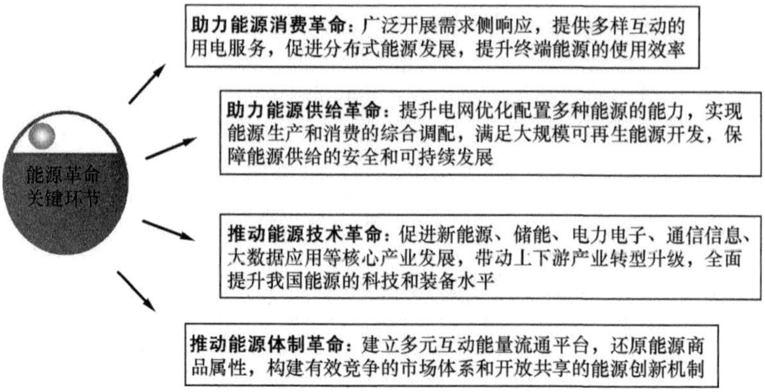

能源革命
关键环节
助力能源消费革命：广泛开展需求侧响应，提供多样互动的用电服务，促进分布式能源发展，提升终端能源的使用效率
助力能源供给革命：提升电网优化配置多种能源的能力，实现能源生产和消费的综合调配，满足大规模可再生能源开发，保障能源供给的安全和可持续发展
推动能源技术革命：促进新能源、储能、电力电子、通信信息、大数据应用等核心产业发展，带动上下游产业转型升级，全面提升我国能源的科技和装备水平
推动能源体制革命：建立多元互动能量流通平台，还原能源商品属性，构建有效竞争的市场体系和开放共享的能源创新机制

图 6-3　智能电网是推动能源革命的重要手段

现代能源体系中智能电网发挥着关键作用，智能电网技术在能源行业的各个领域均有广泛应用。电能将成为能源利用的主要途径，电力在能源体系中的核心作用将得到进一步强化，智能电网技术是提高能源利用效率的关键手段，主动配电网、微电网、需求侧响应、虚拟电厂等智能电网相关技术将得到极大推广。它们涵盖可再生能源、传统能源、输电、配电、分布式电源等领域，在整个能源行业发挥着关键的支撑作用。智能电网是现代能源体系的核心如图 6-4 所示。

可再生能源
传统能源
输电
配电
分布式电源
工业
居民
售电商
电动汽车
能源市场
可再生能源并网消纳
需求侧响应
调峰补偿机制
微电网、微能源网、区域能源网络
电网优化资源配置
电动汽车充放电服务
电网安全稳定运行
主动配电网
综合能源服务
智能运维
虚拟电厂技术
资产全寿命周期管理
绿色证书、碳交易市场
能源金融、融资信贷
AMI、智能用电
智慧能源、智慧城市
电力市场、电量市场、辅助服务市场

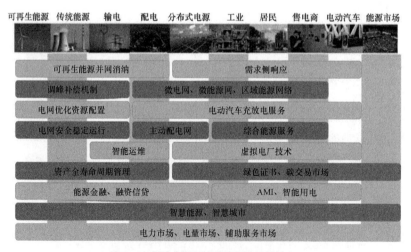

图 6-4　智能电网是现代能源体系的核心

智能电网是以电为核心来研究未来能源的发展，通过提升电网的柔性化，

加强"源—网—荷—储"的高效互动，提高系统运行的灵活性和适应性，满足新能源开发和多样互动用电的需求。智慧能源以多种能源的利用和综合能源供应为核心推动能源的发展，促进能源间的多能互补和协同优化，是智慧城市发展体系的重要组成部分。能源互联网将互联网技术、理念与能源生产、传输、存储、消费以及市场领域深度融合，创新能源发展的方式，促进能源系统扁平化，提升能源系统的整体效率及运行水平。三者的侧重点有所不同，但智能电网通过互联网的理念把区域能源系统连起来，通过电力来实现多能互补能源网的互联互通，处于现代能源体系的核心地位。

发展智能电网要着眼于构筑开放、多元、互动、高效的能源供给和服务平台，建立集中与分布协同、多种能源融合、供需双向互动、高效灵活配置的现代能源供应体系。以智能电网为核心，以智慧能源为途径，以"互联网＋"应用为手段，推进能源与信息的深度融合，支撑现代能源体系的发展。智能电网与智慧能源、能源互联网的关系如图6-5所示。

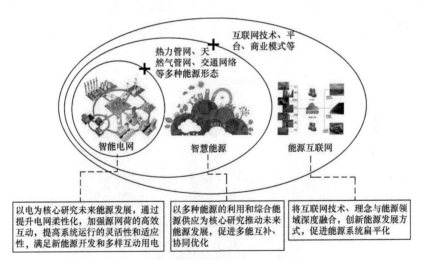

图6-5　智能电网与智慧能源、能源互联网的关系

4. 智能电网是支撑社会发展的基石

自工业革命以来，工业化和城镇化成为人类社会发展的两条主旋律。工业化为经济发展提供动力，城镇化为工业化发展提供载体和平台。电气化是工业化和城镇化的重要基础和标志。随着我国工业化发展进入中后期，并不断加速进入信息化阶段，电力供应和保障方面也面临新的挑战，电力行业发展的重点由保障用电增长转向支撑清洁、高效、多元、互动的多功能用电需求。以绿色、低碳、高效的智能电网为支撑，城市才能获得可持续的发展。

5. 智能电网是建设智慧城市体系的核心

智能电网的起步早于智慧城市，在通信领域、自动控制、能源管理等方面取得良好效果，鉴于供电系统与居民生活密切结合，注定了智能电网将成为城市智能化建设的关键技术，是未来城市发展的核心推动力。在智慧城市的发展中，智能电网在保障城市基础能源供应的同时，通过广泛覆盖的基础设施和对信息网络的全面感知进行数据传送和整合应用，为政府、企业提供智慧化、智能化的服务，同时保障了城市基础能源——电能的供应，逐渐形成以能源为基础资源，保障城市的智能化发展；保障了城市基础能源——信息为基本因素，推动城市智能化进程的发展模式。智能电网以电力的智能化应用为基础，延伸到智慧能源、智慧交通、智慧建筑、智能家居、智慧公共服务等各个领域，共同构筑起智慧城市的核心基础设施，并通过促进基础设施的智能化，优化基础设施的协调运行，实现对能源的高效管理，这也是实现城市绿色、宜居、高效、可持续发展的关键。智慧电网和智慧城市的关系如图 6-6 所示。

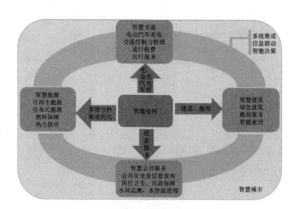

图 6-6　智慧电网和智慧城市的关系

智能电网服务社会经济的各个方面，智能电网的发展将带动社会的各个领域共同发展。电网与信息通信行业的深度融合与合作，在推动智能电网发展的同时，也促进了能源资源的高效利用，降低各行业的用能成本；用能成本的降低反过来会进一步促进信息通信行业的发展，形成行业发展的良性循环，从而带动交通、建筑、农业等其他行业的同步发展。同时，以智能电网为核心，以智慧能源为途径，以"互联网+"的深化应用为手段，构建起面向未来的能源发展体系，延伸到农林牧渔、能源化工、工业制造、交通运输、建筑家居、社会服务等社会经济发展的基础领域，共同构建支撑社会经济发展的核心基础设施。智慧电网支撑社会发展示意如图 6-7 所示。

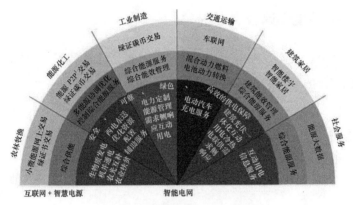

图 6-7 智慧电网支撑社会发展示意

1 P2P（Peer to Peer，点对点）。

智能电网是智慧城市建设和社会发展的关键基础，坚持以电为核心，促进多元化发展，是实现能源可持续发展的必由之路，是支撑社会发展的重要基石。

| 6.2 智能电网发展现状 |

智能电网的概念自 2001 年较为明确地提出以来，得到世界范围的广泛认同。十几年来，世界各国政府、电力企业、科研机构结合各自经济社会的发展水平、能源资源禀赋特点和电力工业发展阶段，进行了深入研究和实践探索，智能电网的概念和特征、内涵与外延得到不断的丰富和发展。特别是随着全球新一轮科技革命和产业变革的兴起，先进信息技术、互联网理念与能

源产业深度融合，推动着能源新技术、新模式和新业态的兴起，发展智能电网成为保障能源安全、应对气候变化、保护自然环境、实现可持续发展的重要共识。

目前，国际范围内尚未形成统一的智能电网定义。由于各国自身的国情、所处的发展阶段和资源分布存在差异，在电力供应和能源保障方面面临的问题也不尽相同，导致各国对智能电网的理解和发展侧重点有所不同。

6.2.1　国外智能电网发展概况

美国、欧洲、日本、韩国等国家和地区开展了大量智能电网的研究工作，其中最具代表性的是美国与欧洲。

美国与欧洲的智能电网主要关注点在用电侧电能的分析与管理，配网主要着重点在于分布式能源接入、微网的运行管理。欧美国家提出建设灵活、清洁、安全、经济、友好的智能电网之后，分别根据各自的国情，确定了不同的发展愿景和计划，并启动了一系列的研究、示范和平台项目，积极推进智能电网技术的研究和工程实践。

美国智能电网建设的基本目标是改造电网的基础设施、提升电网的智能化水平、提高电网运行的安全可靠性、降低电网运行损耗，更注重商业模式的创新和用户服务的提升，通过技术创新占领智能电网技术的制高点，促进新能源产业发展。

欧洲智能电网强调对环境的保护和可再生能源发电的发展，采用集中式发电和分散式发电相结合的思路，吸纳可再生能源、需求侧管理和储能技术，特别强调分布式能源和可再生能源的充分利用，同时保持大范围的电力传输和能量平衡，注重跨越欧洲的电网国际互联。

日韩等亚洲发达国家主要关注的是新能源的研究及使用，加大对光伏、风能、可燃冰、储能、超导和电动汽车方面的研发应用，通过政府的顶层设计及立法保障，确保智能电网基础设施的有序建设。

日本智能电网强调节能与优质服务，注重用智能电网实现各种能源的兼容优化利用。未来其发展将更偏重于提高资源利用率、降低电网损耗、提高供电服务质量以及开发储能技术、电动汽车技术等高科技产业。

　　韩国智能电网发展的特点集中体现在政府主导、顶层设计、法律环境、政策支持、市场开发和国际合作 6 个方面。

6.2.1.1　美国

　　2001 年，美国电力科学院（Electric Power Research Institute，EPRI）提出"IntelliGrid"概念，并于 2003 年提出《智能电网研究框架》。2003 年 6 月，美国能源部（United States Department of Energy，DOE）发布了《Grid 2030——电力的下一个 100 年的国家设想》报告，该纲领性文件描绘了美国未来电力系统的设想，确定了各项研发和试验工作的分阶段目标。2004 年，美国能源部完成了综合能源及通信系统体系结构（Integrated Energy and Communication System Architecture，IECSA）研究。2005 年发布的成果中包含了 EPRI 称为"分布式自治实时架构（Distributed Autonomous Real-Time，DART）"的自动化系统架构。2007 年，美国颁布了《能源独立与安全法案》，明确了智能电网的概念，确立了国家层面的电网现代化政策。2009 年，美国总统奥巴马签署了《美国复苏与再投资法案》，把智能电网提升到国家战略的高度。同年，美国政府宣布了智能电网建设的第一批标准。2010 年，美国国家标准和技术研究所正式公布了新一代输电网"智能电网"的标准化框架。2014 年，美国落基山研究所提出了美国 2050 电网研究报告。此报告中提出可再生能源占比达到 80% 的目标和可行性分析。2015 年 8 月，奥巴马政府提出"清洁电力计划"，要求所有发电企业的碳排放需要在 2030 年实现比 2005 年的碳排放减少 32%，但此计划遭到美国共和党的强烈抵制。美国的最高法院于 2016 年 2 月下令暂缓执行此计划。2016 年 11 月，美国总统特朗普表示美国将展开一场能源革命，充分使用可再生能源和传统能源，使美国的能源市场转变为能源净出口。美国智能电网的发展路线与目标如图 6-8 所示。

　　美国的智能电网建设主要关注的是以下两个方面：一是升级改造老旧电力网络以适应新能源发展，保障电网的安全运行和可靠供电；二是在用电侧和配电侧，最大限度地利用信息技术，采用电力市场和需求侧响应等措施，实现节能减排以及电力资产的高效利用，满足供需平衡。从投资项目的领域和资金的分配来看，美国发展智能电网的重点在配电和用电侧，注重推动新能源发电的发展，注重商业模式的创新和用户服务的提升。

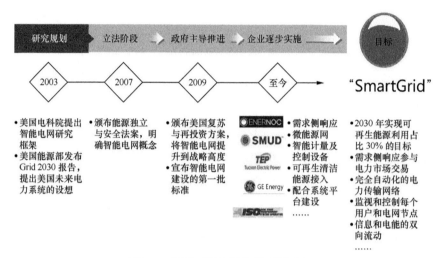

图 6-8　美国智能电网的发展路线与目标

美国联邦能源管理委员会（Federal Energy Regulatory Commission，FERC）指出，智能电网的优先发展领域是广域态势感知、需求侧响应、电能存储以及电动汽车。国家标准和技术学会（National Institute of Standards and Technology，NIST）又在此基础上追加了信息安全、网络通信、高级量测体系、配电网管理等方面。

6.2.1.2　欧盟

2004 年，欧盟委员会启动了智能电网相关的研究，提出了在欧洲要建设的智能电网的定义。2005 年，欧盟委员会成立了欧洲智能电网论坛，并发表了多份报告：《欧洲未来电网的愿景和策略》重点研究了未来欧洲电网的愿景和需求；《战略性研究议程》主要关注优先研究的内容；《欧洲未来电网发展策略》提出了欧洲智能电网的发展重点和路线图。2006 年，欧盟理事会的能源绿皮书《欧洲可持续的、竞争的和安全的电能策略》强调欧洲已经进入一个新能源时代。2008年年底，欧盟发布了《智能电网——构建战略性技术规划蓝图》报告，提出"20-20-20"框架目标,即到 2020 年,能效提高 20%、二氧化碳排放总量降低 20%、可再生能源比重达到 20%。

欧洲智能电网建设的驱动因素可以归结为市场、安全与电能质量、环境 3 个方面。受到来自开放的电力市场的竞争压力,欧洲的电力企业亟须提高用户的满意度,进一步争取更多的用户,因此提高电力企业的运营效率、降低电力价格、加强与客户的互动就成为欧洲智能电网建设的重点目标之一。与美国的电力用户一样,欧洲的电力用户也对电力供应和电能质量提出了更高的要求。对环境保护的极度重视以及日益增长的新能源并网发电的挑战,使欧洲比美国更为关注新能源的接入和高效利用。欧洲整体智能电网的发展路线如图 6-9 所示。

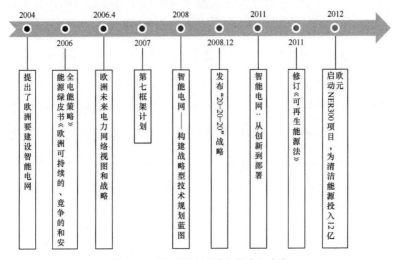

图 6-9 欧洲整体智能电网的发展路线

6.2.1.3 德国

德国在能源转型和电网智能化方面处于领先位置。2011 年 6 月,德国议会做出历史性决定,在接下来的 40 年内将其电力行业从依赖核能和煤炭资源全面转向可再生能源,预计于 2022 年年底前核电厂全面关停。预计到 2020 年,德国一次能源消费总量比 2008 年减少 20%,可再生能源发电占能源消费比重将达到 35%,温室气体排放相对 1990 年减少 40%;到 2050 年,一次能源消费总量比 2008 年减少 50%,可再生能源发电占能源消费比重将达到 60%,温室气体排放相对 1990 年减

少 80%。电能的整体消耗量会降低，但占能源消费的比重会大大提高。

德国在能源转型和智能电网的发展主要体现在以下 5 个方面。

（1）积极扩展调峰资源，推动市场化的调峰机制建设。

（2）多种能源协调优化运行，改善电网调度运行机制，适应可再生能源优化互补运行。

（3）提升电网灵活性，满足可再生能源即插即用的需求，发展新能源柔性直流送出技术，提高并网灵活性。

（4）增强分布式能源消纳能力，积极发展微电网、主动配电网、区域能源网络等，促进分布式能源消纳。

（5）建立健全市场化运行机制，通过价格手段引导供给侧和需求侧调整，保障可再生能源消纳。

德国积极推进电力市场改革，提出电力市场 2.0。2015 年 7 月，德国联邦经济与能源部发布了《适应能源转型的电力市场》白皮书，作为指导德国电力市场未来发展的战略性文件，提出构建适应未来以可再生能源为主的电力市场 2.0。其核心之处是确定了未来电力市场将坚持市场化的原则，即电能的价格将根据市场需求确定，确保德国电力供应的可靠性和优质价廉的特点，使其具有市场强大的竞争能力。德国智能电网的发展路线与目标如图 6-10 所示。

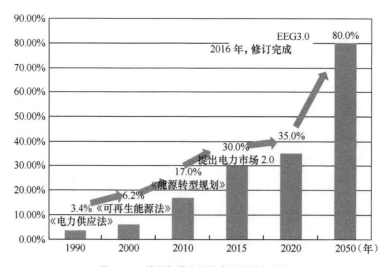

图 6-10　德国智能电网的发展路线与目标

德国注重通过技术和政策两种手段来保障可再生能源的接入和消纳。从管理和规划角度，提高新能源并网管理的功能，实现新能源并网问题的就地控制和解决。从技术角度，提倡建立智能化的主动配电网。德国法兰克福智能电网示范区如图 6-11 所示。

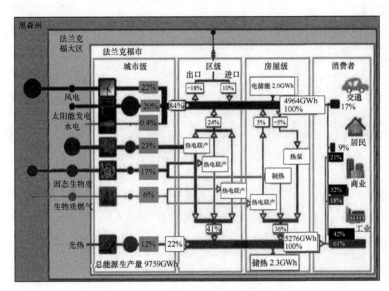

图 6-11　德国法兰克福智能电网示范区

6.2.1.4　北欧

北欧国家主要包括丹麦、瑞典、挪威、芬兰。因为北欧各国所处的地域自然环境、资源不同，所以北欧各国的发电系统各不相同。其中，挪威使用的几乎是 100% 的水电；丹麦使用的是风能。2013 年 1 月，国际能源署发布的《北欧能源技术展望》中指出，北欧地区通过能源领域的大幅改革，到 2050 年可以实现碳平衡，其改革措施包括风能发电量增长 10 倍、不再使用煤炭、运输领域大幅电气化等。

北欧智能电网研究的重点领域包括跨国电网互联、风电并网、以智能电网为核心的用户侧技术、消费者自主管理能源消费、电动汽车充电等方面，将继续发挥风电优势，推进风电的并网研究，继续推进以智能电表为重要内容的用户侧研究，并以此为延伸积极推进智能电网在发、输、变、配电等环节的应用。北欧地区智能电网的发展路线如图 6-12 所示。

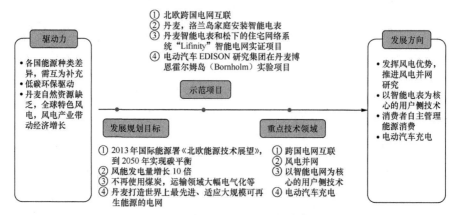

图 6-12　北欧地区智能电网的发展路线

在北欧的各国中，丹麦在智能电网及可再生能源的利用方面最具代表性。2015 年 11 月，丹麦发布了《丹麦能源转型路线图》，到 2050 年丹麦将实现 100% 应用可再生能源，意味着可再生能源生产将满足电力、供热、工业和交通运输的全面能源需求。丹麦的非水电可再生能源比例在全球电力系统中排名最高，2013 年已达到 46%，2014 年丹麦的电力消耗的将近 40% 来自风电，到 2020 年这一数据将达到 50%。丹麦在 2013 年启动新的智能电网战略，以推进消费者自主管理能源消费的步伐。该战略将综合推行以小时计数的新型电表，采取多阶电价和建立数据中心等措施，鼓励消费者在电价较低时用电。该战略主要开展智能电表＋家庭能量管理、电动汽车等智能电网实证实验，以及成立电动汽车 EDISON 研究集团等工作。

丹麦在可再生能源利用方面取得的丰硕成果主要包括以下 5 个方面。

第一，热力供应与电力平衡相结合，推广应用内置蓄热器的小型热电联产，提高热电联产机组的灵活性。

第二，火电灵活性改造创新，经过技术的改造和调整，丹麦电厂的调节速度和最低发电出力水平处于国际领先位置，显著提高了其火电机组的调峰能力。

第三，在电力系统控制和调度中采用创新先进的风能预测，提高了其整合和平衡高比例可再生能源的能力。

第四，建立完善辅助服务市场，让热电联产机组和燃煤电厂还可以从辅助服务市场中获得收益，保障高比例可再生能源电力系统的运行。

第五，加强电网的国际互联，满足电力需求的灵活性，做出快速响应，实现各个国家之间的多能互补。

6.2.1.5　亚洲

1. 日本

日本政府通过深入比较与美国电力工业特征的不同，结合自身国情，决定构建以对应新能源为主的智能电网。2010 年，经济产业省（METI）提出从建设"智能社区"、开发和集成智能社区相关技术、建设和检验"日本智能电网"模式等方面推进智能电网建设。2013 年，日本政府通过了《能源基本计划》草案，确立了未来能源发展战略，将光伏、风能和可燃冰等新能源作为发展重点，并加大在储能、超导和电动汽车等方面的研发。2014 年 6 月，日本参议院通过了修订后的《电气事业法》。该法规定日本的电力零售到 2016 年实现全面自由化。2016 年 4 月 1 日，日本开始实行电力零售全面自由化，普通家庭用户可以选择供电商，自此日本由大型电力公司垄断区域零售的时代宣告结束。日本智能电网发展路线如图 6-13 所示。

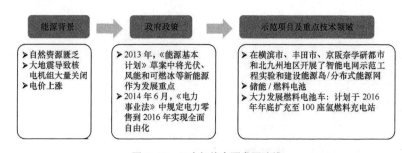

图 6-13　日本智能电网发展路线

为推动智能电网的发展，日本在横滨市、丰田市、京阪奈学研都市等地区开展了智能电网示范工程试验和建设。日本智能电网示范项目如图 6-14 所示。

- EDMS[1] 实现供需预测和能量管理
- TDMS[2] 实现交通供需优化管理
- 与 2005 年相比，2030 年 CO_2 家庭排放减少 20%，交通排放减少 40%

丰田市：家庭能源、低碳交通

北九州市：区域能源、智能电表

- 200 户住宅及 70 家单位安装智能仪表
- 实现家庭、楼宇以及交通能量管理
- 与 2005 年相比，民生和运输方面 CO_2 减排 50%

- 安装智能电表，提升能源信息化水平
- 将交通、生活等的能源消耗纳入管理系统
- 与 1990 年相比，2020 年减少 CO_2 排放 30%

学研都市：智能住宅、智能楼宇

横滨市：智能住宅、光伏发电

- 实现区域之间的能源互联互济
- HEMS[3]、BEMS[4]、CEMS[5] 的有效协同
- 建设新一代交通体系
- 与 2004 年相比，2025 年 CO_2 排放削减 30%

图 6-14 日本智能电网示范项目

1　EDMS（Energy Data Management System，能源数据管理系统）。
2　TDMS（Transportation Data Management System，交通数据管理系统）。
3　HEMS（Home Energy Management System，家庭能源管理系统）。
4　BEMS（Building Energy Management System，楼宇能源管理系统）。
5　CEMS（Community Energy Management System，区域能源管理系统）。

2. 韩国

2010 年 1 月，韩国知识经济部发布了《韩国智能电网发展路线 2030》。此文件提出韩国智能电网建设路线的 3 个阶段。在 2009—2012 年，建设智能电网示范工程，即济州岛智能电网示范工程，用于技术创新与商业模式探索；在 2013—2020 年，重点在韩国的大城市区域电网开展与用户利益紧密相关的智能电网基础设施建设，如电动汽车充电设施、智能电表等；在 2021—2030 年，完成全国层面的智能电网建设。韩国选择了 5 个极具发展潜力的领域作为智能电网的建设重点，分别是智能输配电网、智能用电终端、智能交通、智能可再生能源发电和智能用电服务。

6.2.2　国内智能电网发展概况

我国的智能电网强调配电侧和用户侧的智能化提升，注重发输变系统的智能化建设。同时，我国相继印发了《关于促进智能电网发展的指导意见》《关于推进"互联网+"智慧能源发展的指导意见》等文件，推进能源领域的智能化发展。《能源发展"十三五"规划》和《电力发展"十三五"规划》等纲领性文件也提出了能源和电力智能化发展的要求。

6.2.2.1 国家电网

国家电网公司于 2009 年 5 月提出了立足自主创新，加快建设特高压电网为骨干网架，各级电网协调发展，具有信息化、自动化、互动化特征的统一的坚强智能电网的发展目标，力图打造"坚强可靠、经济高效、清洁环保、透明开放、友好互动的现代电网"。在此计划中，2009—2010 年为规划试点阶段；2011—2015 年为全面建设阶段；2016—2020 年为引领提升阶段。国家电网智能电网的发展路线和目标如图 6-15 所示。

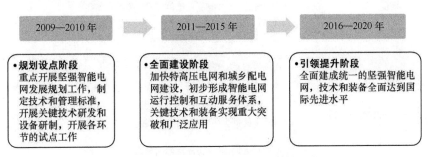

图 6-15 国家电网智能电网的发展路线和目标

国家电网智能电网的主要工作包括特高压电网建设、输变电设备运行监测、智能变电站推广、配电自动化、信息化平台、电动汽车充换电网络、大规模可再生能源接纳的相关建设。其中，在电动车充电桩方面，已建成的充换站超过 1500 座，充电桩 3 万个，具备为 35 万＋的电动汽车服务的能力。在可再生能源接纳方面，建立了风电接入电网仿真分析平台，开展了大容量电化学储能等前沿课题基础性研究工作。大规模风电／光伏发电功率预测及运行控制等关键技术取得突破，研发了风电功率预测系统，建立了风电研究检测中心和太阳能发电研究检测中心，建成了世界上规模最大的张北风光储输联合示范工程，完成了大规模风电功率预测及运行控制系统的全面建设与推广。国家电网特高压电网建设如图 6-16 所示。

2019 年年初，国家电网公司创造性地提出"三型两网、世界一流"战略目

标。其中，"三型"是指打造枢纽型、平台型、共享型企业；"两网"是指坚强智能电网和泛在电力物联网。

特高压电网建设	建成世界首个投入商业运行的 1000 千伏特高压交流输电工程
输变电设备运行监测	• 完成省公司主站系统建设 • 建立状态监测系统标准体系和状态监测装置入网检测实验室 • 直升机巡检范围涵盖 22 个省（市、区）
智能变电站推广	• 2009 年启动两批试点工程，涉及 24 个网、省、直辖市公司 • 2011 年进入全面建设阶段，目前已开始新一代智能变电站试点
配电自动化建设	• 重点城市市区用户平均停电时间降至 52 分钟以内
信息化平台	• 统一的电网 GIS 空间信息服务平台、视频监控平台、移动作业平台等 • 全部完成 27 个省级用电信息采集系统主站建设 • 智能电表采集用户 3.77 亿户，总采集覆盖率 95.5% • 完成"95598"智能互动服务网站统一建设
电动汽车充换电网络	• 建成"四纵两横一环"高速公路快充网络 • 建设运营车联网平台等
大规模可再生能源接纳	• 大规模风电功率预测及运行控制系统的全面推广建设 • 世界规模最大的张北风光储输联合示范工程

图 6-16　国家电网特高压电网建设

1. 坚强智能电网

坚强智能电网的建设着力于供给侧，用于支撑能源供给侧改革。通过特高压骨干网架进行电力的大规模、长距离稳定输送，解决三北、西南的风、光、水清洁能源消纳问题；通过智能配电网支撑间歇性分布式电源的有效并网，解决分布式电源协调利用困难的问题。我国当前乃至未来一段时间内的电力资源优化配置手段将以以上两种方式为主。

2. 泛在电力物联网

泛在电力物联网的建设着力于系统"源—网—荷—储"各环节末梢，用于支撑数据采集和具体业务的开展。通过广泛应用大数据、云计算、物联网、移动互联、人工智能、区块链、边缘计算等信息技术和智能技术，汇集各方面资源，为规划建设、生产运行、经营管理、综合服务、新业务新模式发展、企业生态环境构建等方面，提供充足有效的信息和数据支撑。

建设泛在电力物联网，是推进"三型两网"建设的重要内容和关键环节。国家电网提出了两个阶段的战略安排，即到 2021 年，初步建成泛在电力物联网，到 2024 年，建成泛在电力物联网，包含感知层、网络层、平台层、应用层 4 层结构，全面实现业务协同、数据贯通和统一物联管理，全面形成共建共治共享的能源互联网生态圈。围绕着 3 年攻坚目标，国家电网计划统筹开展重点任务建设、关键技术攻关、标准体系制定、生态系统建设、规划调整等工作，细化制定 2019 年的建设方案，研究编制 2019—2021 年的 3 年规划。

"三型两网"战略的本质是基于互联网思维，发挥电网的枢纽作用，推动坚强智能电网与泛在电力物联网协同并进，构成能源互联网平台，带动产业链上下游和全社会共享发展成果，全面体现了开放、合作、共赢的新思维、新理念。

6.2.2.2　南方电网

南方电网东西跨度为 2000 千米，依托西电东送构建了南方电网和各省（区）的骨干网架，促进南方区域能源资源的优化配置，保障交直流混联特大电网的安全稳定运行，持续推进城乡电网的规划建设，满足了供电区域内国际化都市、城镇、农村、海岛等多样化的供电需求。

"十二五"期间，以促进电网向更加智能、高效、可靠、绿色的方向转变为目标，以应用先进计算机、通信和控制技术升级改造电网为发展主线，在新能源并网技术、微电网、输变电智能化技术、配电智能化技术、信息通信技术、智能用电技术、支撑电动汽车发展的电网技术等领域开展了广泛的技术研究，并在大电网的安全稳定运行、分布式能源耦合系统、微电网、电动汽车充换电、主动配电网、智能用电等方面开展了诸多示范工程建设。

1. 保障交直流混联电网安全运行

通过基于广域监测系统（Wide Area Measurement System，WAMS）的多直流协调控制抑制系统低频振荡，建成世界首个 ±800 千伏高压直流输电示范工程，建成世界上容量最大、电压等级最高的 ±20 万千瓦静态补偿器（Static Compensators，STATCOM）工程，建设世界第一条多端柔性直流输电工程，通过永富直流、鲁西背靠背的方式实现云南电网与南方主网异步互联等目标。

2. 提升电网的可靠性和智能化水平

建设投产智能变电站超过 150 座，制定了一体化电网运行智能系统（Regional Operation Smart System，ROS2）技术标准体系并完成关键技术攻关和试点建设。在广东佛山、贵州贵阳等地区开展集成分布式可再生能源的主动配电网示范，试点应用智能配电网自愈控制技术。开展移动式变电站、移动式储能系统研究示范、电缆隧道机器人巡视等。建设云南怒江州独龙江、珠海万山群岛、三沙永兴岛等微网。

依托智能电网的发展，南方电网促进了区域能源资源的优化配置，保障了交直流并列运行特大电网的安全稳定运行，促进了城乡电网的发展，保障了南方 5 个省区社会经济的发展需求。面向特大城市电网能源互联网示范项目如图 6-17 所示。

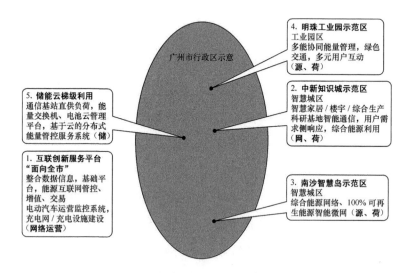

图 6-17 面向特大城市电网能源互联网示范项目

|6.3 智能电网发展趋势|

为贯彻落实党的十九大精神，以习近平新时代中国特色社会主义思想为指导，践行"创新、协调、绿色、开放、共享"的新发展理念和能源发展"四个革命、一个合作"战略思想，根据国家《能源发展"十三五"规划》《电力发展"十三五"规划》《关于促进智能电网发展的指导意见》《关于推进"互联网+"智慧能源发展的指导意见》等指导文件，为实现"安全、可靠、绿色、高效"的总体目标，围绕智能电网发输配用的各个环节，未来的发展趋势包括五大重点领域，分别为清洁友好的发电、安全高效的输变电、灵活可靠的配电、多样互动的用电、智慧能源与能源互联网。智能电网的发展目标及重点方向如图6-18所示。智能电网的发展架构体系如图6-19所示。

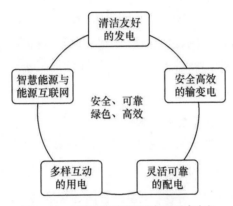

图 6-18　智能电网的发展目标及重点方向

	安全	可靠	绿色	高效
清洁友好的发电		有序发展抽蓄、推进大容量储能试点示范	提升非化石能源占比	提升系统调峰的灵活性推动市场化调峰机制建设支持分布式能源发展
安全高效的输变电	优化主网/互联互通/保底电网规划先进直流及柔性交直流输电技术智能变电站		西电东送	在线监测、智能巡检动态增容全生命周期管理
灵活可靠的配电		加强配网，升级农网加强配电自动化	开展配电网柔性化建设	推进微网建设提升配电网装备水平
多样互动的用电			储能及电动汽车、需求侧响应电能替代	高级量测体系全方位客户服务渠道体系智能家居、智能小区
智慧能源与能源互联网			综合能源服务体系、综合信息服务以多能互补、区域能源网络为核心的智慧能源与智慧城市能源大数据、网上交易、网上服务、电子商务	

图 6-19　智能电网的发展架构体系

6.3.1　清洁友好的发电

总的来说，清洁友好的发电可以概括为"清洁低碳、网源协同、灵活高效"。清洁友好的发电主要体现为可再生能源逐步替代化石能源、分布式能源逐步替代集中式能源、传统化石能源高效清洁利用、多种能源网络融合与交互转变 4 个重要方向。

1.可再生能源逐步替代化石能源

以风能、太阳能为主的可再生能源开发利用技术日益成熟，其开发成本不断降低，逐渐成为替代传统化石能源的重要选择。可再生能源大范围的增量替代和区域性的存量替代步伐显著加快，能源供给结构将从化石能源向非化石能源转变，从水火等传统能源为主向风光等新能源与传统能源协同互济转变，逐步实现能源的清洁替代。

2.分布式能源逐步替代集中式能源

基于传统化石能源为主构建的能源系统往往采用大规模集中开发、集中控制的模式。可再生能源资源分散，其开发利用模式将以靠近用户侧的分布式为主。随着天然气供应能力的持续加强、管网建设和专业化服务的不断完善发展，天然气分布式能源已逐步具备规模发展条件，采取冷热电多联供等方式可就近实现能源的梯级利用。其综合能源利用效率能够达到 70% 以上，并可与分布式可再生能源互补，实现多能协同供应和能源综合梯级利用。随着储能、分布式能源、微网等技术发展，能源供给形态将从集中式、一体化的能源供给向集中与分布协同、供需双向互动的能源供给转变，促进能源供应的多样化、扁平化和高效化。

3.传统化石能源高效清洁利用

我国能源资源的基本特点是煤富、油贫、气少，这些特点决定了在较长时期内，煤炭仍将是我国的主要能源。推进我国能源转型升级，必须坚持非化石能源开发利用与化石能源高效清洁利用并举，依靠技术创新、机制创新不断提升传统化石能源的利用效率，构建与我国国情相适应的多元化能源供给体系。

4.多种能源网络融合与交互转变

随着传感、信息、通信、控制技术与能源系统的深入融合，传统的单一能源网络向多能互补、能源与信息通信技术深度融合的智能化方向发展，统筹电、热（冷）、气等各领域的能源需求，实现多能协同供应和能源综合梯级利用。

6.3.2　安全高效的输变电

总的来说，安全高效的输变电可以概括为"安全高效、态势感知、柔性可控、协调优化"。安全高效的输变电主要体现为电力一次设备逐步实现智能化 / 数字化、智能变电站将全面推广、输电智能化水平全面提升、智能变电站智能运维水平全面提升、站控层设备一体化、重要输电通道和灾害地区线路在线监测水平全面提升、建设城市防灾保底电网 7 个重要方向。

1. 电力一次设备逐步实现智能化 / 数字化

逐步实现一次设备与在线监测传感器及过程层智能设备的有机整合，使之具备测量数字化、控制网络化、状态可视化、功能一体化和信息互动化等功能特征，推广变压器油中溶解气体在线监测、地理信息系统（Geographic Information System，GIS）局放带电检测、避雷器泄漏电流带电检测以及开关柜局放带电检测等相对成熟的技术应用。针对现有站改造或设备条件不成熟的情况，可利用合并单元、智能终端实现过程层设备的数字化、网络化。

2. 智能变电站将全面推广

变电站数据实现统一建模、源端维护和统一出口。全站按 DL/T 860（IEC 61850）标准统一建模，实现主子站统一建模和远程管理；统一数据模型图形描述和传输规约，建立符合主子站业务需求的设备公共模型，实现各专业数据统一描述格式、统一传输、统一配置和管理。实现网络数据直接采集，支持测控、保护、计量、故障录波、设备状态监测、相量测量单元（Phasor Measurement Unit，PMU）、环境等专业完整数据上传，并结合数据重要性和实时性要求，实现厂站数据的灵活配置和动态管理。通过通信通道与规约整合、远程数据订阅，达到节约通信带宽、降低主站资源损耗的目的。智能变电站架构如图 6-20 所示。

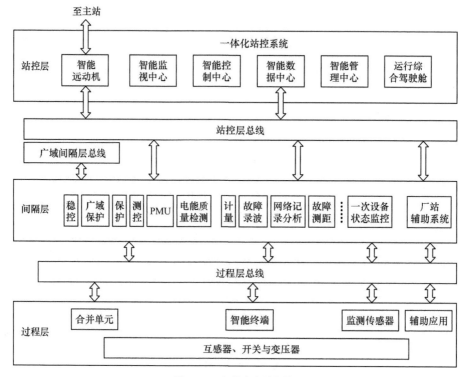

图6-20 智能变电站架构

3.输电智能化水平全面提升

先进的直流输电和柔性交直流输电技术的研发应用，包括各种基于智能巡检机器人、无人机巡线、视频安防、基于物联网的环境监测、资产全生命周期管理等应用将全面引入，支持电网实时监测、实时分析、实时决策，提高输电网运行的安全灵活性、防灾抗灾能力和资产利用效率。

4.智能变电站智能运维水平全面提升

同步部署智能运维主站系统和厂站端子站建设。新建站点同步部署智能运维系统，已投运站点逐步完成智能运维系统建设。主站端侧重多维度信息分析、展示、诊断评估和辅助决策；厂站端侧重信息采集、过滤和处理，全面掌握设备的信息状态。通过智能运维系统建设，提升设备的状态监视智能化水平，实现变电站系统信息的全面采集、分析和应用，为变电站系统的日常运维、异常处理、检修安排及事故分析提供技术手段和辅助决策依据，实现状态评估、态势感知、状态检修等功能。

5. 站控层设备一体化

整合站控侧资源，将原站控侧各功能主机整合成一个资源池，综合实现远动、电能量、PMU、保护及故障录波信息、在线监测、电压控制（Automatic Voltage Control，AVC）、辅助服务等功能。构建面向服务的架构体系，建立用于一体化监控系统各功能设备之间信息和业务交互的标准的服务总线，构建各应用功能服务标准的接口，各应用服务之间的信息基于标准化模型和服务接口无缝交互，整个一体化监控系统的各应用功能服务能够根据需要灵活部署，有效利用硬件资源。通过模型服务、图形服务、点表服务、防误服务、序列控制服务等一系列标准服务接口，实现与主站通信以及主子站的深度互动，提升站控层智能化程度。

6. 重要输电通道和灾害地区线路在线监测水平全面提升

智能电网加大先进技术装备和数据分析方法的应用力度，融合气象、地理信息、卫星数据，建成针对输电线路环境信息和运行状态的在线监测系统，开展风险评估与灾害预警方法研究，实现对重要输电走廊、灾害地区重要线路的状态监测与灾害预警。中重冰区 110 千伏及以上线路配置覆冰监测终端，沿海强风区大档距以及微气象、微地形杆塔配置微气象监测终端，采矿区周边以及泥石流、滑坡易发地带配置地质灾害隐患监测终端，重要交叉跨越同时故障可导致一般及以上事故且存在山火隐患的配置山火监测终端，通过主航道的海缆路由可安装船舶交通服务系统（Vessel Traffic Service，VTS）、船舶自动识别系统（Automatic Identification System，AIS）和近岸视频监视系统（Closed Circuit Television，CCTV）。

7. 建设城市防灾保底电网

针对台风、低温、雨雪、凝冻等严重自然灾害，以保障城市在严重自然灾害情况下的基本运转，构建纵深防御、安全可靠的城市保底电网。保障特级重要用户、城市指挥（应急）机构在严重自然灾害情况下不停电，核心基础设施尽量少停电。强风区保底电网结合城市规划发展、综合管廊建设，适当提高电网建设标准，大力推进重要站点和关键线路的电缆化、户内化建设改造，逐步形成向城市核心区域供电的电缆化、户内化通道，提高保底电网的防灾能力；

中重冰区保底电网加强融冰手段配置，从而确保网架不垮。

6.3.3　灵活可靠的配电

总的来说，灵活可靠的配电可以概括为"灵活可靠、可观可控、开放兼容、经济适用"。灵活可靠的配电主要体现为配电网需满足多元负荷的"泛在接入""即插即用"的需求、配电网自动化水平全面提升、智能分层分布式控制体系逐步建立 3 个重要方向。

1. 满足多元负荷的"泛在接入""即插即用"的需求

一方面，城市内电动汽车、充电桩等新能源业务的应用逐步推广；另一方面，随着农村配电网的信息化、数字化升级，更多的光伏扶贫、农光互补、渔光互补等新能源需保障接入和消纳，配电网需适配更多元化的终端。

2. 配电网自动化水平全面提升

高可靠性的地区采用智能分布式或集中式配电自动化方案，实现配电网自愈控制，广域差动保护、智能分布式配电终端将大量引入。中心城区推广集中式或就地型重合器式方案，可实现故障自动隔离与自动定位。其他城镇地区的支线配置带故障跳闸功能的开关，实现支线故障隔离。其他区域部署集中监测终端或故障指示器，从而可提高故障的定位能力和分析能力。

3. 智能分层分布式控制体系逐步建立

分层分布式控制系统在实现配电网可观可测的基础上，完成分布式电源功率预测、柔性负荷预测、可调度容量分析、协调控制策略优化等功能。可有效平滑风电、光伏等出力波动，提高配电网对可再生能源的消纳能力，降低电网峰谷差，提高设备的利用率，降低配电网损，实现"源—网—荷"协调控制，全面提升配电网的安全可靠运行水平和经济性。

6.3.4　多样互动的用电

总的来说，多样互动的用电可以概括为"多元友好、双向互动、灵活多样、节约高效"。多样互动主要体现为全方位加强客户互动／智慧用电的需求、实现终端能源消费清洁化 2 个重要方向。

1. 全方位加强客户互动，满足智慧用电的需求

未来将广泛部署高级量测体系、推动智能家居与智能小区建设、打造全方位客户服务互动平台，用户可更多地参与用电管理，发展支撑阶梯电价、实时电价、精准负荷控制等业务。用户通过 App 对用电设备进行管理示意如图 6-21 所示。

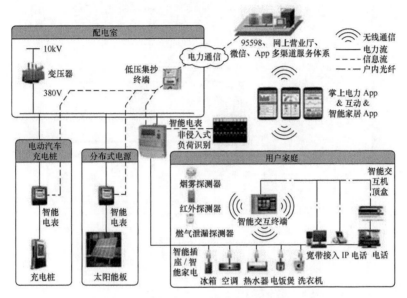

图 6-21　用户通过 App 对用电设备进行管理示意

2. 实现终端能源消费清洁化

电动汽车、电供暖（冷）、港口岸电等将在终端实现清洁电力对化石能源直接利用的替代，电能占终端能源消费的比重将不断上升。

6.3.5　智慧能源与能源互联网

总的来说，多样互动的用电可以概括为"多能互补、高效协同、开放共享、价值创新"。多样互动的用电主要体现为多种能源网络融合与交互转变、能源基础设施逐步完善，市场逐步开放 3 个重要方向。

1. 多种能源网络融合与交互转变

随着传感、信息、通信、控制技术与能源系统的深入融合，传统单一的能源网络向多能互补、能源与信息通信技术深度融合的智能化方向发展，统筹

电、热（冷）、气等各领域的能源需求，实现多能协同供应和能源综合的梯级利用。区域能源网络如图 6-22 所示。

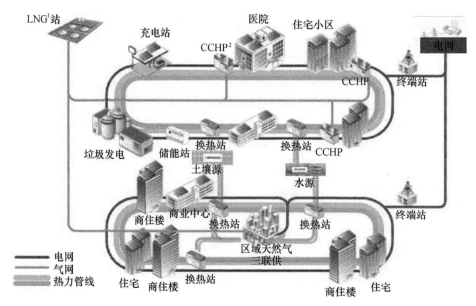

图 6-22　区域能源网络

1　LNG（Liquefied Natural Gas，液化天然气）。
2　CCHP（Combined Cooling Heating and Power，冷热电联产系统）。

2. 能源基础设施逐步完善，市场逐步开放

随着综合能源服务业务、智慧能源的发展以及互联网技术的深入应用，多样互动的用电模式将逐步完善能源耦合系统基础设施建设，实现能源市场开放和产业升级。

|6.4　智能电网对电力通信网的新挑战 |

电力通信网作为支撑智能电网发展的重要基础设施，保证了各类电力业务的安全性、实时性、准确性和可靠性要求。构建大容量、安全可靠的光纤骨干通信网，以及泛在多业务灵活可信接入的配电通信网，这是通信网络建设的两

个重要组成部分。在骨干通信网侧，经过多年建设，35kV 以上的主网通信网已具备完善的全光骨干网络和可靠高效数据网络，光纤资源已实现 35kV 及以上厂站、自有物业办公场所 / 营业所全覆盖。在配电通信网侧，由于点多面广，海量设备需要实时监测或控制，信息双向交互频繁，且现有光纤覆盖的建设成本高、运维难度大，公网承载能力有限，难以有效支撑配电网各类终端可观可测可控。随着大规模配电网自动化、低压集抄、分布式能源接入、用户双向互动等业务的快速发展，各类电网设备、电力终端、用电客户的通信需求量爆发式增长，迫切需要构建安全可信、接入灵活、双向实时互动的"泛在化、全覆盖"配电通信接入网，并采用先进、可靠、稳定、高效的新兴通信技术及系统予以支撑，这是智能电网发展对配电网通信提出的新需求。

因此，从发展趋势看，未来智能电网的大量应用将集中在配电网侧，应采用先进、可靠、稳定、高效的新兴通信技术及系统，丰富配电网侧的通信接入方式，从简单的业务需求被动满足转变为业务需求主动引领，提供更泛在的终端接入能力、面向多样化业务的强大承载能力、差异化安全隔离能力及更高效灵活的运营管理能力。

1. 电力通信网络是支撑智能电网发展的基础平台

智能电网的发展强调多种能源、信息的互联，通信网络将作为网络信息总线，承担着智能电网"源—网—荷—储"各个环节的信息采集、网络控制的承载，为智能电网基础设施与各类能源服务平台提供安全、可靠、高效的信息传送通道，实现电力生产、输送、消费各环节的信息流、能量流及业务流的贯通，促进电力系统整体高效协调运行。电力通信网络在智能电网中的定位如图 6-23 所示。

2. 通信网络需要从被动的需求满足，转变为主动的需求引领

目前，业务系统通信需求均基于设备的生产控制为主，未兼顾人、车、物等综合的管理场景需求。随着智能电网的发展，通信的需求及业务类型具有多样性、复杂性及未知性等特点，通信网络需适度超前，提前储备，提前满足未来多元化的业务承载需求。例如，智能化移动作业、巡检机器人、数字化仓储物流、综合用能优化服务、电能质量在线监测、能源间协调、源网荷储互动、双向互动充电桩等。

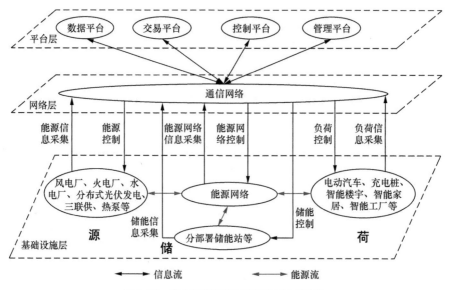

图 6-23　电力通信网络在智能电网中的定位

3.通信网络需具备更强大的承载能力，差异化的安全隔离能力及更高效灵活的运营管理能力

　　为满足智能电网的五大发展重点，通信网络需具备更强大的承载能力（例如，百万至千万级的连接能力、单站具备 $n×10$Mbit/s 的带宽承载能力，具备毫秒级别的时延能力）、对电力不同生产区业务能提供差异化的安全隔离能力，同时能针对不同终端，提供终端、连接甚至网络资源的灵活开放的运营管理能力。面向智能电网的通信网整体功能需求如图 6-24 所示。

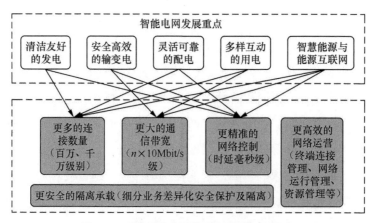

图 6-24　面向智能电网的通信网整体功能需求

4. 通信网作为统一的通信平台，实现业务的集约化承载，进一步促进智能电网的数据共享及业务发展

通信网络需尽可能多地解决各类业务的接入需求，最大限度地利用电网自身资源，通过统一的通信平台，提供可靠、安全的通信通道，提高网络效率。同时，通过通信网提供的灵活便捷的接入方式，进一步促进能源互动、数据共享或有偿服务等为能源互联网业务的发展提供帮助。

第 7 章

5G 承载电力业务的基本概念及定义

本章主要对 5G 承载电力业务的模型及概念作了介绍。首先，定义了电力无线通信的范畴；然后，就 5G 承载电力业务的基本模型进行定义；最后，给出 5G 承载电力业务的关键指标定义，为后续应用场景的需求分析做好铺垫。

|7.1 电力无线通信的基本定义|

电力无线通信可以分为无线公网、无线专网两大类。我们这里讲的 5G 属于无线公网的一种。

1. 无线公网

无线公网指的是电网租用电信运营商的移动通信网络，主要包括 2G/3G/4G、NB-IoT、5G 等。其优势在于利用运营商的建设覆盖，快速接入，避免大量的网络投资及复杂的网络运维管理；且依托公网产业，可大幅降低电网使用的成本。其劣势在于与公网业务混合，安全风险高；电网对公网无法实现有效的可管可控；公网的覆盖并未完全匹配电网的需求，例如，输电线路、山区、地下室等区域存在覆盖不足的现象。

2. 无线专网

无线专网主要是指电网自建、自运营的无线网络，主要包括电力无线专网 LTE、Wi-Fi 等。其优势为安全隔离能力较强，电网全程自主可控，按照业务需求可解决公网弱覆盖问题。其劣势为产业空间较小，建设成本高，后期维护的成本也较高。

|7.2　5G 承载电力业务的基本模型|

在定义 5G 承载电力业务的关键指标之前，首先我们需要定义 5G 承载电力
业务的基本模型，如图 7-1 所示。按照该模型，我们可以把 5G 承载电力的业务
分为三大部分：接入部分、5G 网络部分、广域网传送部分。

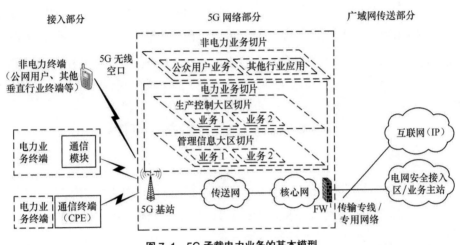

图 7-1　5G 承载电力业务的基本模型

1　FW（Fire Wall，防火墙）。

1. 接入部分

接入部分主要指的是各类业务终端通过无线空口接入 5G 网络。其形式一
般包括直接接入（例如，各类智能手机、PAD 等智能终端）、内嵌通信模块 /
模组接入（例如，电网中部分三遥、自动化终端、智能电表、集中器、采集器
等）、外挂式接入（例如，电网部分三遥、自动化终端、配电终端（Distribution
Terminal Unit，DTU）、馈线开关监控终端（Feeder Terminal Unit，FTU）等）3
种方式。

2. 5G 网络部分

5G 网络部分指的是运营商所建设和运营的 5G 网络，主要包含了无线基
站、传输网、核心网等关键系统。根据 5G 切片网络的概念，5G 网络将根据各
类业务的需求，在无线基站、传输网、核心网分别编排出不同的资源实体，以

形成不同的业务切片。立足电网业务承载的角度，可以分为电力业务切片和非电力业务切片两大类。其中，非电力业务切片泛指公众的移动用户业务、其他行业应用两种。电力业务切片主要参考电力业务的安全隔离要求，分为两级切片：第一级为生产控制类切片和管理信息类切片；第二级将在第一级的基础上，根据业务主站划分为不同的子切片。上述各类切片之间需要进行不同程度的隔离。

3. 广域网传送部分

广域网传送部分主要由于电力主站系统与运营商核心网 GI 口（GPRS 与外部分组数据网之间的接口）防火墙建设并不匹配，为满足电力业务最终能传送到电力业务主站，而需要建设的传输专线或具有一定安全保障等级的 IP 网络通道。

| 7.3　5G 承载电力业务的关键指标定义 |

根据上述的基本模型，我们可以把整个承载过程抽象为一个关键的指标体系。该指标体系可以分为 5G 业务承载能力指标、5G 通信系统可用性、5G 可靠性及服务保障体系三大部分。各类指标又可以分为基本、扩展两大类。其中，基本类指的是各类电力业务承载所必须考虑的指标；扩展类指的是某些电力业务的特殊承载需求指标。5G 承载电力业务的关键指标见表 7-1。

表 7-1　5G 承载电力业务的关键指标

	指标说明	指标单位	指标属性
5G 业务承载能力	电力业务承载带宽	Mbit/s	基本
	网络端到端通信时延	ms	基本
	电力业务丢包率	百分比	基本
	电力业务并发连接数	终端数 / 平方千米	基本
	网络授时精度	μs	扩展
	定位能力	偏差 ± 米	扩展
	安全加固能力	极高、高、中、标准	扩展
5G 通信系统可用性	在线率	百分比	基本
	通道可用性	百分比	基本

续表

指标说明		指标单位	指标属性
5G可靠性及 服务保障体系	通信系统可靠性	百分比	基本
	业务切片之间的隔离度	物理隔离、逻辑隔离、统计服用	基本
	SLA[1]服务体系	包括售前支撑、业务开通、网络质量、维护服务、投诉响应等一系列的服务指标	基本

注：1 SLA（Service Level Agreement，服务等级协议）。

1.5G业务承载能力指标

5G业务承载能力指标主要包含电力业务承载带宽、网络端到端通信时延、电力业务丢包率、电力业务并发连接数、网络授时精度、安全加固、定位能力。其中，授时精度、安全加固、定位能力属于扩展类，主要面向配网差动保护、配网（PMU）或其他安全等级较高的场景，而定位能力一般将作为增值服务能力，按需提供。

（1）电力业务承载带宽

电力业务承载带宽主要指的是5G承载电力业务无线空口、传输网络、核心网多个环节中的最小带宽，单位为Mbit/s。从网络环节上看，一般情况下，移动通信网络中，无线空口带宽是瓶颈。因此，在大多数情况下，主要关注无线空口的有效业务带宽。由于无线空口环境非常复杂，信道具有随机变化的特性，一般需要定义一个边界条件，业界一般为空口质量保障大于–85dBm的覆盖环境下的有效业务承载带宽。从业务上下行关系来看，在电力应用场景中，大部分是以上行采集为主，下行命令的流量较小。在分布式点对点传送过程中，上下行流量基本一样。因此，一般更关注上行带宽。综上可知，电力业务承载带宽主要在空口保障大于–85dBm的覆盖环境下，电力业务的上行为有效带宽。

（2）网络端到端通信时延

网络端到端通信时延需要考虑终端＋业务主站、点对点终端通信两种方式。

对于终端＋业务主站方式，端到端通信时延主要指的是电力业务终端业务出口到主站平台安全接入区/防火墙入口的网络时延。

对于点对点终端之间通信方式，业务流不需要经过业务主站的方式，端到

端通信时延迟主要指的是电力业务终端到对侧业务终端的网络时延。

一般情况下，网络端到端时延可以简化为通信终端无线空口至广域网传输专线相关网络环节的时延总和，通信终端、模块相对运营商网络的整体时延迟可以忽略不计。但在某些对时延特别敏感且对通信终端/模块有特殊要求的场景，例如，配网差动保护，且需要网络授时，或安全加密加固，网络端到端时延需要考虑通信终端或模块的处理时延。

（3）电力业务丢包率

电力业务丢包率主要指的是通信终端/模块+5G网络+广域传送整个系统的整体丢包情况，由于无线空口侧的环境干扰对丢包影响较大，因此一般可以简化为无线空口质量保障大于−85dBm的环境下所统计的丢包率。除了视频类业务，大部分的电力业务场景均为小包业务，一般业务包的大小都小于300字节。因此一般可以采用300字节的小包进行丢包测试，单位为百分比（%）。

（4）电力业务并发连接数

电力业务并发连接数主要指的是在某平方千米范围内，同时附着在5G网络上的电力用户数，对于运营商来说，一般以用户身份识别卡（Subscriber Identification Module，SIM）为统计单位，即一张SIM卡对应为一个用户。大多数情况下，一个通信终端或模块对应一张SIM卡，也有少数情况是一个通信终端可实现双卡的模式。例如，当一个电力业务终端同时具备采集和控制的功能，其中，采集类业务处于管理信息大区，控制类属于生产控制大区，则后续有可能出现双卡的模式，不同的卡对应不同的网络切片，可享受不同的网络资源。

（5）网络授时精度

网络授时精度主要指的是电力通信终端或模块与5G网络配合，从5G网络中获取精准的时钟信息，并转换为适配电力业务终端的输入方式（例如，IRIG-B或每秒脉冲数（Pulse Per Second，PPS）等方式），从而实现对电力业务的授时功能。根据电力业务的需求特点，所谓授时精度并不要求与绝对时间的偏差，而是要实现所有需要时钟同步的电力业务终端在达到一个相对对齐的效果。因此授时精度主要指的是需要同步的电力业务彼此获得的时钟偏差要在一定的范围内，其单位为 µs。需要说明的是，此功能并不是基本功能，仅对需要实现时钟同步系统的电力业务终端适用。

（6）定位能力

定位能力目前有移动位置服务（Location Based Services，LBS）、通信终端提供定位信息两种模式，其单位为偏差 ± 米，属于扩展属性。

移动位置服务（LBS）指的是通过运营商的 5G 网络向电力业务提供经纬度信息。其基本原理是测量不同基站的下行导频信号，得到不同基站下行导频的到达时刻（Time of Arrival，TOA）或到达时间差（Time Difference of Arrival，TDOA）。根据该测量结果并结合基站的坐标，一般采用三角公式估计算法，就能够计算出通信终端的位置。实际的位置估计算法需要考虑多基站（3 个或 3 个以上）定位的情况，因此算法要复杂得多。该方式最大的优势是通信终端、业务终端不需要增加额外的定位模块，因此可降低成本，更重要的是，提高了环境的适应性，在不能获取 GPS、北斗等信号的地方，终端只要可以与运营商的基站连接，便可获得大致的定位信息，但其定位精度一般不高。

通信终端提供定位信息主要指的是通信终端内置定位功能模块（GPS 或北斗），并通过外置天线的方式获取位置信息。该方式虽然提高了定位精度，但是不仅增加了通信终端的成本，同时也降低了设备对环境的适应性。

（7）安全加固能力

整个 5G 通信系统所能提供的安全加固能力，主要体现在以下 3 项。

★通信终端CPE或通信模块可集成电力业务纵向加密芯片的能力，为业务提供应用层的纵向加密服务。

★通信终端CPE或通信模块可与5G网络共同构建加密网络协议（Internet Protocol Security，IPsec）隧道封装能力，为业务提供通信通道的高可靠隧道加密能力。

★5G网络与电力自身的认证平台配合，实现机卡绑定、二次认证等功能。

根据电力业务承载的安全隔离要求，安全加固能力一般可以分为极高、高、中、标准 4 个等级。极高等级主要指的是可提供上述 3 项功能服务；高等级主要指的是能提供上述第 2、3 项功能服务；中等级主要指的是仅能提供上述

第 3 项功能服务；标准等级指的是仅能提供 5G 网络切片的基本安全隔离服务能力，不能提供上述 3 项安全加固服务。

对于上述 4 个等级，一般极高、高等级可以考虑应用在特殊保障等级区域的电力生产控制类业务，中等级可以考虑应用在普通区域的生产类相关的电力应用，其他场景一般使用标准等级。

2.5G 通信系统可用性

5G 通信系统可用性主要包含电力业务在线率、通道可用性两个指标。这两个指标均是基本指标。

（1）电力业务在线率

电力业务在线率是一个区间统计值，等于实际成功通信次数/理论成功通信次数 × 100%。在电力通信中，一般可以分解为卡在线率、通信终端在线率两个层次。

其中，卡在线率主要指的是通信运营商的 SIM 卡在线率，是对通信运营商 5G 网络能力的主要考核指标，而通信终端在线率是在 SIM 卡的基础上，叠加考虑通信终端本身硬件的故障问题。对于电力业务来说，更看重通信终端的在线率。因为卡在线率对于业务是透明的，业务只关心通信终端能否有效提供通信服务。把在线率分解为卡、通信终端两个层面，主要为满足电网企业对无线公网通道可用性的统计及故障定位分析需求。由于在线率需要建立在 SIM 卡或通信终端定期发心跳的方式统计，频繁的心跳信息将加大系统负荷。因此在线率一般用于局部区域、网络巡检或关键时间段的网络质量分析，这就要求运营商网络将按需提供 SIM 卡在线率的统计信息。

（2）通道可用性

通道可用性是电网企业与运营商的主要衔接指标。此指标指的是通信通道全年可正常通信（满足相应带宽、时延要求）的分钟数占全年总分钟数之比。一般以地区为单位，以年度为期限，以分钟数为时间单位，按照不同业务类别、不同通信方式分别统计。以某业务无线公网通信为例，其计算公式为：
1- 采用无线公网通信的各业务终端全年通信中断时间之和 /（采用无线公网通信的业务终端数 × 全年总分钟数）。

3.5G 可靠性及服务保障体系

5G 可靠性及服务保障体系主要包含运营商 5G 网络系统的可靠性、所能提供给电力业务的切片之间隔离度以及运营商针对不同电力切片的 SLA 服务保障体系，此体系包含的指标均为基本指标。

（1）通信系统可靠性

参考 IEC-61907 定义，可靠性指的是在一定的条件下，在规定的时间内，系统可以提供相应功能，并在稳定运行的时间之内运行时间占比。在通信领域，通信系统的可靠性主要指的是各设备运行的可靠性，其计算方式比较复杂，一般可简化为：

运行时间 = 正常时间 + 维修时间

$$可靠性 = \frac{正常时间}{正常时间+维修时间}$$

即可靠性等于正常运行时间和总运行时间的比。在实际网络中，运营商所提供的电信级服务，可靠性都可以达到 **99.999%**。

（2）业务切片之间的隔离度

该指标为 5G 区别与以往移动通信技术的特色指标，是 5G 切片网络的专属指标。该指标主要指的是 5G 电力业务切片与非电力业务切片之间以及电力业务所分配的不同切片之间的隔离度。该指标可以分为 3 个等级：物理隔离、逻辑隔离、统计复用。根据电力行业的安全隔离要求，物理隔离要求类比单独时隙、波道、物理纤芯或设备的专用级别。逻辑隔离要求类比虚拟局域网（Virtual Local Area Network，VLAN）、多协议标记转换技术在骨干的宽带 IP 网络上构建企业 IP 专网 MPLS-VPN（Multi-Protocol Label Switching-Virtual Private Network）、隧道、永远虚拟电路（Permanent Virtual Circuit，PVC）等。统计复用指的是可以与其他业务混合复用共同的传输通道，仅对 QoS 有一定的保障要求。

（3）SLA 服务体系

业界对 SLA 的服务体系一般分为客户服务等级、业务服务等级两个维度。同一个等级的客户，可以有不同等级的业务，换言之，同一个业务对于不同等

级的客户而言，其业务服务等级有可能有差异。这将取决于运营商对客户及业务的重视程度，也取决于客户对某种业务所愿意付出的代价。

客户服务等级指的是在销售网络服务的过程中，向不同级别的客户提供不同级别的服务内容和服务标准，主要包括资源勘察、业务开通时限、服务支撑团队组成、解决方案等。其应用于售前、售中、售后各个环节，一般运营商可把客户分为金、银、铜等不同的梯度。对于电力行业而言，电网集团总部、省电网公司、地市供电局将对应不同的客户等级，具体等级的划分将根据运营商对客户的重要性判断而定。

业务服务等级指的是结合客户服务等级和业务重要程度，面向业务提供分级的服务标准质量性能指标和分级的业务保障手段的依据，一般可以分为 A、B、C 等若干个等级。此等级是针对某一项业务的，对于电力行业而言，可以是接入点（Access Point Name，APN）无线公网业务、传输专线、数据专线、语音专线、集团短信等不同的业务。在具体的某一项业务中，其服务等级主要包含了以下关键技术指标（Key Performance Indicator，KPI）：针对此业务的网络解决方案、网络质量关键指标、售后故障处理、日常信息通告、业务修复时限、交付后的业务可用率、故障重复发生率等。在上述众多的 KPI 中，最为关键的是网络质量关键指标。对于电力无线切片应用而言，该指标主要体现为带宽、时延、抖动、丢包率。

第8章
5G 在智能电网的应用场景及价值

　　本章首先给出了电力无线通信的基本定义，介绍了其发展现状及存在的问题，同时建立了 5G 承载电力业务的关键指标体系。然后通过梳理 5G 技术在智能电网中的应用场景，把 5G 智能电网业务场景分为两类——控制类业务场景和采集类业务场景。并对这些典型的业务场景进行深入分析，探究这些业务场景的发展现状、发展趋势和未来的通信需求。最后从宏观层面和智能电网领域两个维度剖析了 5G 对智能电网的价值。

| 8.1　5G 智能电网应用概述 |

智能电网无线通信的应用场景总体上可分为控制、采集两大类。其中，控制类包含智能分布式配电自动化、精确负荷控制、分布式能源调控等；采集类主要包括低压集抄、智能电网两大视频应用。

1. 控制类业务场景

当前整体通信特点为采用子站 / 主站的连接模式，星型连接拓扑，主站相对集中，一般控制的时延要求为秒级。未来随着智能分布式配网终端的广泛应用，通信的连接模式将出现更多的分布式点到点连接，随着精准负控、分布式能源调控等应用，主站系统将逐步下沉，出现更多的本地就近控制，可满足与主网控制联动的需求，且时延需求将达到毫秒级。

2. 采集类业务场景

未来从采集对象、内容、频次上将发生较大变化。

（1）采集对象

当前主要针对电力的生产运行，主要以电力一次设备为主，计量方面主要采用集抄模式，连接数量达百个 /km^2。

（2）采集内容

当前主要以基础数据、图像为主，码率为 100kbit/s。随着智能电网、物联网的迅速发展，采集对象将扩展至电力二次设备及各类环境、温湿度、物联网、多媒体场景，连接数量预计至少翻一倍。中远期若在产业驱动下，集抄方式下沉至用户，连接数预计翻 50~100 倍。另外，采集内容亦从原有的简单数据化趋于视频化、高清化。尤其在无人巡检、视频监控、应急现场自组网综合应用等场景，将出现大量高清视频的回传需求，局部带宽需求在 4~100Mbit/s。

（3）采集频次

对于普通的家庭用户，当前基本按照月、天、小时为单位采集；对于大客户专线，目前可以做到 15 分钟一次的采集频率。未来为满足负荷精确控制、用户实时定价等应用的发展，采集频次将趋于分钟级，达到准实时能力。智能电网的应用场景及整体发展趋势见表 8-1。

表 8-1　智能电网的应用场景及整体发展趋势

业务类型	典型场景	当前通信特点	未来通信趋势
控制类	智能分布式配电自动化、精准负控、分布式能源	1. 连接模式：子站 / 主站模式，主站集中，星型连接为主 2. 时延要求：秒级	1. 连接模式：分布式点对点连接与子站主站模式并存，主站下沉，本地就近控制 2. 时延要求：毫秒级
采集类	低压集抄、智能电网大视频应用（包括变电站巡检机器人、输电线路无人机巡检、配电房视频综合监控、移动式现场施工作业管控、应急现场自组网综合应用等）	1. 采集频次：月、天、小时级 2. 采集内容：基础数据、图像为主，单终端码率为 100kbit/s 3. 采集范围：电力一次设备，配网计量一般采用集抄方式，连接数量达百个 /km²	1. 采集频次：分钟级，准实时 2. 采集内容：视频化、高清化，带宽在 4~100Mbit/s 3. 采集范围：近期扩展到电力二次设备及各类环控、物联网、多媒体场景，连接数量预计至少翻一倍。中远期若产业驱动集抄方式下沉至用户，连接数预计可翻 50~100 倍

8.2　典型业务场景分析

8.2.1　控制类业务

8.2.1.1　智能分布式配电自动化

智能分布式配电自动化终端主要可以实现对配电网的保护控制，通过继电保护自动装置检测配电网线路或设备状态信息，快速实现配网线路区段或配网设备的故障判断及准确定位，快速隔离配网线路故障区段或故障设备，随后恢

复正常区域供电。该终端后续集成三遥、配网差动保护等功能。

1. 业务现状及发展趋势

早期的配网保护多采用简单的过流、过压逻辑，不依赖通信，其不足之处在于不能实现分段隔离，停电影响范围较大。为实现故障的精准隔离，需要获取相邻元件的运行信息，可采用集中式或分布式原理。

（1）集中控制型

中心逻辑单元主要负责保护逻辑运算及发出保护跳闸指令，就地逻辑单元负责就地的信息采集并处理、执行就地保护跳闸指令，将处理后的就地信息传送给中心逻辑单元。集中控制型保护典型拓扑如图 8-1 所示。

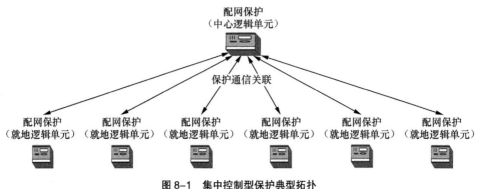

图 8-1　集中控制型保护典型拓扑

（2）分布控制型

根据网架结构划分设备组，分组内的每台终端都可以起到中心逻辑单元的作用，就地执行跳闸操作。各终端处理后的就地信息传送给运维中心。在配网领域推广应用差动保护，可以进一步缩短故障的持续时间，进而可提高供电的可靠性。分布控制型保护典型拓扑如图 8-2 所示。

2. 未来的通信需求

（1）带宽

带宽要求大于 2Mbit/s。

（2）时延

差动保护要求延时小于 10ms，时间同步精度为 10μs，电流差动保护装置所在变电站距离小于 40km，主备用通道时延抖动在 ±50μs。同时，为达到精准控制，相邻智能分布式配电自动化终端间在信息交互时必须携带高精度时间戳。

（3）通道可用性

通道可用性要求大于等于99.9%。

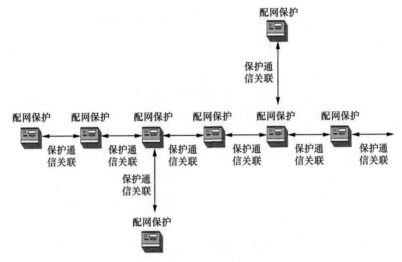

图8-2　分布控制型保护典型拓扑

（4）可靠性

可靠性要求大于等于99.999%。

（5）隔离要求

配电自动化属于电网I/II生产大区业务，要求和其他III/IV管理大区业务完全隔离。

（6）连接数量

连接数量为$X\times 10$个/km^2。

8.2.1.2　用电负荷需求侧响应

需求响应即电力需求响应的简称，是指当电力批发市场价格升高或系统可靠性受到威胁时，电力用户接到供电方发出的诱导性减少负荷的直接补偿通知或者电力价格上升的信号后，改变其固有的习惯用电模式，达到减少或者推移

某时段的用电负荷而响应电力供应，从而保障电网稳定，并抑制电价上升的短期行为。

用电负荷需求侧响应主要是引导非生产性空调负荷、工业负荷等柔性负荷主动参与需求侧响应，实现对用电负荷的精准负荷控制，解决电网故障初期频率快速跌落、主干通道潮流越限、省际联络线功率超用、电网旋转备用不足等问题。未来的快速负荷控制系统将达到毫秒级时延标准。用电负荷需求侧响应示意如图 8-3 所示。

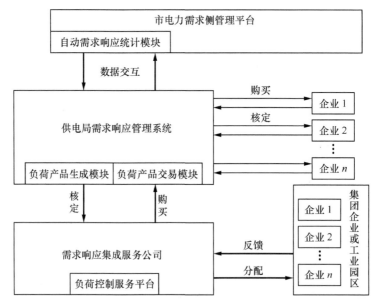

图 8-3　用电负荷需求侧响应示意

1. 业务现状及发展趋势

（1）当前现状

传统需求侧响应对负荷的控制指令在终端与主站之间交互，终端横向之间无数据交互。对负荷的控制，通常只能切除整条配电线路。以直流双极闭锁故障为例，若采用传统方式，以 110kV 负荷线路为对象，集中切除负荷，将达到一定的电力事故等级，造成较大的社会影响。

（2）后续发展趋势

未来用电负荷需求侧响应将是用户、售电商、增量配电运营商、储能及微网运营商等多方参与，通过灵活多样的市场化需求侧响应交易模式，实现对客户负荷进行更精细化的控制，控制对象可精准到企业内部的可中断负荷。例如，工厂内部非连续生产的电源、电动汽车充电桩等。在负荷过载时，可采用有线切断非重要负荷，将尽量减少经济损失，降低社会影响。

2. 未来的通信需求

（1）带宽

负荷管理控制终端的带宽为 50kbit/s~ 2Mbit/s。

（2）时延

毫秒级负荷管理控制时延小于 200ms。

（3）通道可用性

通道可用性监测类的要求大于等于 95%；控制类的要求大于等于 99%。

（4）可靠性

要求可靠性大于等于 99.999%。

（5）隔离要求

属于电网 I/II 生产大区业务，要求和其他 III/IV 管理大区业务完全隔离。

（6）连接数量

连接数量为 $X \times 10$ 个 /km^2。

8.2.1.3　分布式能源调控

分布式能源包括太阳能利用、风能利用、燃料电池和燃气冷热电三联供等多种形式。其一般分散布置在用户 / 负荷现场或邻近地点，一般接入 35kV 及以下的电压等级配用电网，实现发电供能。分布式发电具有位置灵活、分散的特点，极好地适应了分散电力需求和资源分布，延缓了输配电网升级换代所需的巨额投资。分布式能源与大电网互为备用，也使供电的可靠性得以改善。

分布式能源调控系统主要具备数据采集处理、有功功率调节、电压无功功率控制、孤岛检测、调度与协调控制等功能。分布式能源调控主要由分布式电源监控主站、分布式电源监控子站、分布式电源监控终端和通信系统等部分组成。分布式能源的构成及并用结构如图 8-4 所示。

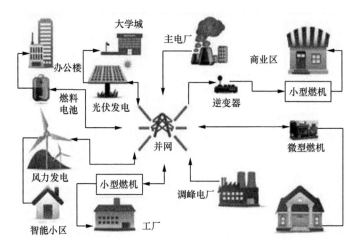

图 8-4　分布式能源的构成及并网结构

1. 业务现状及发展趋势

在风暴和冰雪天气下，当大电网遭到严重破坏时，分布式电源可自行形成孤岛或微网向医院、交通枢纽和广播电视等重要用户提供应急供电。同时，分布式电源并网给配电网的安全稳定运行带来了新的技术问题和挑战。

分布式电源接入配电网后，其网络结构将从原来的单电源辐射状网络变为双电源甚至多电源网络，配网侧的潮流方式更加复杂。用户既是用电方，又是发电方，电流呈现双向流动、实时动态变化的特点。未来需提高配电网的可靠性、灵活性及效率。

2. 未来的通信需求

（1）带宽

带宽综合在 2Mbit/s 以上。

（2）时延

采集类小于 3s，控制类小于 1s。

（3）通道可用性

通道可用性监测类的要求为大于等于 95%；通道可用性控制类的要求为大于等于 99%。

（4）可靠性

采集类的可靠性要求为 99.9%，控制信息的可靠性要求为 99.999%。

（5）隔离要求

同时有 I/II/III 区的业务。安全 I 区包括分布式电源 SCADA 监控业务和配网继电保护业务。安全 II 区包括电源站计量业务、保护信息管理与故障录播业务。安全 III 区包括电源站运行管理业务、发电负荷预测、视频监控业务。

（6）连接数量

随着屋顶分布式光伏、电动汽车充换电站、风力发电、分布式储能站的发展，连接数量将达到百万甚至千万级的接入。

8.2.2　采集类业务

8.2.2.1　高级计量

高级计量将以智能电表为基础，开展用电信息深度采集，满足智能用电和个性化客户服务需求。对于工商业用户，主要通过企业用能服务系统建设，采集客户数据并智能分析，为企业能效管理服务提供支撑。对于家庭用户，重点通过居民侧"互联网+"家庭能源管理系统，实现关键用电信息、电价信息与居民共享，促进优化用电。

1. 业务现状及发展趋势

（1）当前现状

目前，主要通过低压集抄方式进行计量采集，多以配变台区为基本单元进行集中抄表。集中器通过运营商无线公网回传至电力计量主站系统。一般以天、小时为频次采集上报用户的基本用电数据。数据以上行为主，单集中器带宽为 10kbit/s，月流量为 3MB~5MB。当前低压集抄场景如图 8-5 所示。

（2）后续发展趋势

未来，在现有远程抄表、负荷监测、线损分析、电能质量监测、停电时间统计、需求侧管理等基础上，将扩展更多新的应用需求。例如，支持阶梯电价等多种电价政策、用户双向互动营销模式、多元互动的增值服务、分布式电源监测及计量等。

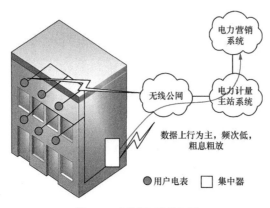

图 8-5　当前低压集抄场景

近期采集类业务的发展趋势主要呈现采集频次提升、采集内容丰富、双向互动三大趋势。

★ 采集频次提升

为更有效地实现用电削峰填谷，支撑更灵活的阶梯定价，计量间隔将从现在的小时级提升到分钟级，达到精准实时的数据信息反馈。

★ 采集内容丰富

对于家庭用户，未来除了用电家庭为单位的整体用电信息之外，采集内容将延伸至用户住宅内的室内网络（Home Area Network，HAN），实现用户住宅内用电设备的信息计量。此外，随着以双向方式将分布式电源、电动汽车、储能装置等用户侧设备接入电网，电网计量的观测范围将进一步加大。

★ 双向互动

通过推广部署家庭能源管理系统，通过智能交互终端，辅助用户实现对家用电器的控制，包括家电用电信息采集、与电网互动、家电控制、故障反馈、家电联动、负荷敏感程度分类等。同时给用户提供实时电价和用电信息，并通过 App 的方式，实现对用户室内用电装置的负荷控制，达到需求侧管理的目的。

中远期，为了减少集中器对所辖大量电表轮询采集而产生的时延，避免集中器单点故障导致的大面积采集瘫痪，提升网络的集约化水平，在技术产业的推动下，智能电表、智能插座等直采的方式将逐步推广。在这种情况下，网络连接数量将有 50~100 倍的提升。未来低压集抄场景如图 8-6 所示。

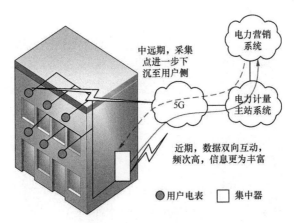

图 8-6　未来低压集抄场景

2. 未来的通信需求

（1）带宽

上行带宽 2Mbit/s，下行带宽不小于 1Mbit/s。

（2）时延

一般的大客户管理、配变检测、低压集抄、智能电表的时延在 3 秒以内，需要精准控费的场景，时延要求小于 200ms。

（3）通道可用性

采集类的通道可用性要求大于等于 98%，控费类的通道可用性要求大于等于 99%。

（4）可靠性

可靠性的要求大于等于 99.9%。

（5）隔离要求

属于电网 II 区业务，安全性要求低于 I 区，但需与 I 区实现逻辑隔离，与 III 区实现物理隔离。

（6）连接数量

集抄模式 $X \times 100$ 个 /km²；下沉到用户后翻 50~100 倍，可达千级 /km²，甚至万级 /km²。

8.2.2.2　智能电网大视频应用

智能电网大视频应用主要包含变电站巡检机器人、输电线路无人机在线监测、配电房视频监控、移动式现场施工作业管控、应急现场自组网综合应用五大场景。此应用主要针对电力生产管理中的中低速率移动场景，通过现场可移动的视频回传替代人工巡检，避免了人工现场作业带来的不确定性，同时可减少人工成本，因此可极大地提高运维效率。

1. 业务现状及发展趋势

（1）变电站巡检机器人

该场景主要针对 110kV 及以上变电站范围内的电力一次设备状态综合监控、安防巡视等需求。目前，巡检机器人主要使用 Wi-Fi 接入，所巡视的视频信息大多保留在站内本地，并未能实时地回传至远程监控中心。

未来，变电站巡检机器人主要搭载多路高清视频摄像头或环境监控传感器，回传相关检测数据，数据需具备实时回传至远程监控中心的能力。在部分情况下，巡检机器人甚至可以进行简单的带电操作，如道闸开关控制等。对通信的需求主要体现在多路的高清视频回传（Mbit/s 级），巡检机器人低时延的远程控制（毫秒级）。智能巡检机器人应用场景如图 8-7 所示。

图 8-7　智能巡检机器人应用场景

（2）输电线路无人机巡检

该场景主要针对网架之间的输电线路物理特性检查。例如，弯曲形变、物理损坏等特征。该场景一般应用于高压输电的距离较远的野外空旷地区。一般两个杆塔之间的线路长度在 200~500 米。巡检范围包括若干个杆塔，延绵数千米。典型的应用包括通道林木检测、覆冰监控、山火监控、外力破坏预警检测等。

目前，主要是通过输电线路两端检测装置，通过复杂的电缆特性监测数据计算判断，辅助以人工现场确认。同时也有通过无人机来巡检，控制台与无人机之间主要采用 2.4G 公共频段的 Wi-Fi 或厂家私有协议通信，其有效控制半径一般小于 2km。无人机巡检及应用场景如图 8-8 所示。

图 8-8　无人机巡检及应用场景

未来，随着无人机续航能力的增强与 5G 通信模组的成熟，结合边缘计算的应用，5G 综合承载无人机飞控、图像、视频等信息将成为可能。无人机与控制台均与就近的 5G 基站连接，在 5G 基站侧部署边缘计算服务，实现视频、图片、控制信息的本地卸载，直接回传至控制台，保障通信时延在毫秒级，通信带宽在 Mbit/s 级以上。同时还可利用 5G 高速移动切换的特性，使无人机在相邻基站快速切换时保障业务的连续性，从而扩大巡线范围到数千米范围以外，极大提升了巡线效率。5G 无人机巡检新模式如图 8-9 所示。

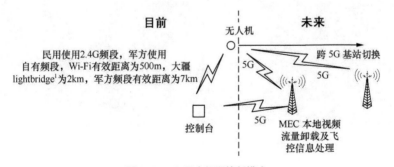

图 8-9　5G 无人机巡检新模式

1　大疆 lightbridge 是 DJI 首款 2.4G 全高清数字图像传输系统，最高可传输 1080P 的全高清图像数据。

（3）配电房视频综合监视

该场景主要针对配电网重要节点（开闭站）的运行状态、资源情况进行监视。该类业务一般在配电房内或相对隐蔽的公共场所。该业务属于集中型实时业务，业务流向为各配电房视频采集终端集中到配网视频监控平台。

当前，配电房内的大量配电柜等设备，其各路开关的运行信息多采用模拟指针式，其运行状态及各开关闭合状态仍需人工勘察巡检，手抄记录。同时，大量的配电房仍缺乏视频安防及环境监控设备。光纤的覆盖难度较大。

未来，重要配电房节点（开闭站）内可配备智能的视频监视系统。按照配电房内配电柜的布局，部署可灵活移动的视频综合监控装备，对配电柜、开关柜等设备进行视频、图像回传，云端同步采用先进的 AI 技术，对配电柜、开关柜的图片、视频进行识别，提取其运行状态数据、开关资源状态等信息，进而避免了人工巡检的烦琐工作。在满足智能巡检的基础上，该系统还可完成整体机房的视频监控、温湿度环境等传感器的综合监控等功能。

考虑到该智能巡检装备至少需搭载两路摄像头，图像格式质量达到 4 CIF（通用影像传输视频会议中的影像传输格式）要求，视频为高清格式及以上，单节点带宽需在 4~10Mbit/s，且带宽流量需连续稳定。为保障视频传送的图像不卡顿，时延要求小于 200ms，且需要考虑配电房或隐蔽公共场所的弱覆盖问题。配电房视频综合监控应用场景如图 8-10 所示。

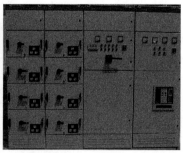

图 8-10　配电房视频综合监控应用场景

（4）移动式现场施工作业管控

在电力行业，涉及强电作业，因此施工安全的要求极高。该场景主要针对电力施工现场的人员、工序、质量等全方位进行监管，并针对方案变更、突发事故处理等紧急情况提供远程实时决策依据，同时可提供事故溯源排查等功能。

目前，施工现场的监管主要依靠现场监理，并通过手机、平板等智能终端进行关键信息的图片、视频回传。由于施工现场具有随机、临时的特征，不适合采用光纤有线接入的方案。若采用 4G 网络回传，在密集城区的施工场地，4G 网络的容量受限，往往无法提供持续稳定的多路视频同时回传；在郊外的空旷区域，4G 网络覆盖难以满足业务接入的需求。

未来，基于 5G 的智慧工地，提供稳定持续的视频回传功能，在现场根据需求，临时部署多个移动摄像头对施工现场进行实时监控，可应用于项目施工、质量、安全、文明施工管理等方面，管理者可及时掌握施工动态，对施工难点和重点及时进行监管。监控范围全面覆盖现场出入口、施工区、加工区、办公区和主体施工作业面等重点部位。在紧急情况下，可移动摄像头聚焦局部区域，可提供实时决策，在施工完毕后，移动的摄像头可以复用到其他施工现场。

预计在局部施工现场，需提供 5~8 个移动摄像头，每个摄像头提供长期稳定的高清视频回传，带宽需求在 20~50Mbit/s，为避免视频卡顿，时延在 200ms 以内。移动式现场施工作业管控应用场景如图 8-11 所示。

图 8-11　移动式现场施工作业管控应用场景

（5）应急现场自组网综合应用

应急现场自组网综合应用主要针对地震、雨雪、洪水、故障抢修等灾害环境下的电力抢险救灾场景，通过应急通信车进行现场支援，5G 可为应急通信现场多种大带宽、多媒体装备提供自组网及大带宽回传能力，与移动边缘计算等技术结合，支撑现场高清视频的集群通信、指挥决策。

目前，应急通信车主要采用卫星作为回传通道，配备了卫星电话、移动作业等装备，现场集群通信以语音、图像为主，通过卫星回传至远端的指挥中心进行统一调度和指挥决策。

未来，应急通信车将作为现场抢险的重要信息枢纽及指挥中心，需具备自组网能力，配备各种大带宽多媒体装备。例如，无人机、单兵作业终端、车载摄像头、移动终端等。应急通信车可配备搭载 5G 基站的无人机主站，通过该无人机在灾害区域迅速形成半径在 2~6km 的 5G 网络覆盖，其余无人机、单兵作业终端等设备可通过接入该无人机主站，回传高清视频信息或进行多媒体集群通信。应急通信车一方面作为现场的信息集中点，结合边缘计算技术，实现基于现场视频监控、调度指挥、综合决策等丰富的本地应用；另一方面，应急通信车可为无人机主站提供充足的动力，使其达到 24 小时以上的续航能力。应急现场自组网的综合应用场景如图 8-12 所示。

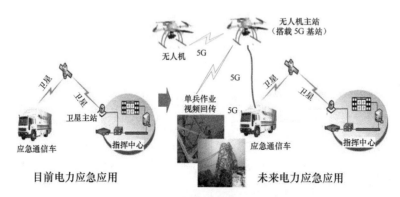

图 8-12　应急现场自组网的综合应用场景

预计单个应急通信车需提供 4~10 路稳定持续的高清视频回传通道，带宽需求在 50~100Mbit/s，为避免视频的图像卡顿，时延需在 200ms 以内。

2. 未来的通信需求

（1）带宽

根据场景不同，要求带宽可持续稳定的保障在 4~100Mbit/s。

（2）时延

多媒体信息时延要求小于 200ms；控制信息时延小于 100ms。

（3）通道可用性

纯视频监测类的通道可用性大于等于 95%，涉及操作控制要求通道可用性大于等于 99%。

（4）可靠性

可靠性的要求大于等于 99.9%。

（5）隔离要求

基本属于电网 III 区业务，安全性要求低于 I/II 区。少量控制功能需远程操作的控制信息属于 I/II 区。例如，巡检机器人。

（6）连接数量

连接数量集中在局部区域 2~10 个不等。

（7）移动性

移动速率相对较低，在 10~120km/h。

8.2.3 业务通信指标小结

综上所述，本节对上述典型业务的关键指标进行了整体梳理，智能电网典型应用场景关键通信需求指标汇总见表 8-2。

表 8-2 智能电网典型应用场景关键通信需求指标汇总

业务类别	业务名称	通信需求					
		时延	带宽	通道可用性	通信系统可靠性	安全隔离	连接数
控制类	智能分布式配电自动化	≤ 12ms	≥ 2Mbit/s	99.9%	99.999%	安全生产 I 区	$X \times 10$ 个 /km^2
	用电负荷需求侧响应	≤ 200ms	10kbit/s ~2Mbit/s	监测 95%	99.999%	安全生产 I 区	
				控制 99%			
	分布式能源调控	采集类 ≤ 3s	≥ 2Mbit/s	监测 95%	99.999%	综合包含 I、II、III 区业务	百万 ~ 千万级
		控制类 ≤ 1s		控制 99%			

业务类别	业务名称	通信需求					
		时延	带宽	通道可用性	通信系统可靠性	安全隔离	连接数
采集类	高级计量	≤ 3s	1~2Mbit/s	采集98%	99.9%	管理信息大区 III	集抄模式 $X×100$ 个/km^2 下沉到用户后翻 50~100 倍
				控费99%			
	电站巡检机器人	≤ 200ms	4~10Mbit/s	监测95%	99.9%	管理信息大区 III	集中在局部区域 1~2 个
	输电线路无人机巡检			控制99%			
	配电房视频综合监控			95%			
	移动现场施工作业管控		20~100Mbit/s	95%			局部区域内 5~10 个
	应急现场自组网综合应用			99%			

| 8.3　5G 对智能电网的价值 |

8.3.1　电力无线通信发展现状及存在问题

多年来，电力无线通信主要受制于安全、产业两大因素，没有得到规模发展。电力无线通信的安全问题主要在于无线通信相对于独立专用的有线通信，其安全性仍未有充分的论证和测评，尤其在电力主网通信，基本未放开对无线的使用。在产业方面，由于多年来，电力无线专网的专用频谱一直较少，以及技术条件尚未成熟，可适用的场景及产业空间未能推动相关产业的规模化商用，因此涉及电力专用频谱的无线专网未能得到充分的发展应用，具体体现在以下 5 个问题中。

1. 安全隔离问题

5G 之前的无线通信技术（包括无线公网、电力无线专网、增强型 Wi-Fi 等）

未充分论证测评是否能达到国能安全 [2015]36 号文对承载电力控制类业务的要求。因此，对于不同安全分区的多业务融合接入需求，目前，无线通信技术无法有效解决，需额外部署加密终端、设置安全接入区等网络安全措施。

2. 承载能力问题

电力无线专网承载能力有限，难以同时满足广覆盖、大带宽、低时延等承载需求。

LTE 230 主要是带宽能力不足，导致未能面向更丰富的终端业务接入。虽然根据工业和信息化部《关于调整 223~235MHz 频段无线数据传输系统频率使用规划的通知》（工业和信息化部无 [2018]165 号）最新的频谱政策，电力行业可以申请 7.5MHz 的频谱资源，并可引入频谱聚合的技术提升传输能力，但根据实际测试，LTE 230 的上行速率在 10Mbit/s 级别，未能完全满足配网日益增长的业务发展需求。

LTE-U（LTE-Unlicensed，LTE 未授权）/Wi-Fi 主要是覆盖不足，建设成本及运维复杂度较高。LTE-U 主要采用 5.8G 非授权频段，室外有效的覆盖距离在 100~200 米，对于 220kV 以上的变电站而言，至少需要两套基站才可实现全覆盖，且由于产业链不够成熟，建设成本高。Wi-Fi 除了安全问题饱受质疑以外，在电力中，若要提高安全性和承载能力，一般会采用 5.8GHz 相对稳定的频段，而其覆盖能力直接下降，同时，由于其部署的密度较大，对于变电站而言，通常需要部署在高压区内，才能使变电站得以全覆盖，后续的运维复杂度将非常大。

2G/3G/4G 主要是带宽与时延问题，2G/3G 未能完全满足电力大带宽的承载需求，而 4G 在时延上也未能达到如差动保护、PMU 等严格时延要求的业务需求。在网络覆盖质量上，电网企业必须依赖运营商，而在某种程度上看，电力的覆盖需求与运营商的建网策略还存在一定的矛盾。例如，电力农网建设、电力大型变电站一般在较为偏远的地方，而运营商的基站一般优先满足热点城市地区。目前，商业模式（简单地卖卡、流量计费模式）未能完全支撑 2G/3G/4G 完全满足电力的承载需求。

3. 灵活便捷管理问题

目前，无线公网（2G/3G/4G）管理能力相对薄弱，线上方面，运营商仅能提

供卡的基本信息管理，业务开通、业务变更等管理基本依赖线下的人工协调，周期较长。另外，对于电网的运营商网络运行是黑匣子，无法提供无线、传输、核心网端到端的网络监控管理能力，电网无法有效进行无线公网业务的故障定位。

4. 对于电力业务应用的可扩展性问题

以往的无线通信技术均面向某种特定场景。例如，LTE 面向大带宽移动通信，NB-IoT 面向低功耗物联网，LTE 230 面向电网窄带控制应用，在技术演进和发展上，对于有丰富应用场景的电网而言均有一定的局限性。

5. 自建成本问题

产业空间较小，一直制约着电力无线专网的产业发展，LTE 电力专网、LTE-U 等成本一直居高不下，尚未成熟。

8.3.2　5G 对智能电网的价值提升

从宏观层面来讲，全球各国已达成共识，5G 已成为全球各国数字化战略的先导领域，是国家数字化、信息化发展的基础设施。同时，如电力、汽车、工业制造等更多的垂直行业深度参与 5G 标准，引导了各自领域的标准制定，使 5G 技术能够更好地服务于各垂直行业。

聚焦到智能电网领域，尤其在智能配用电环节，5G 技术为配电通信网"最后一千米"无线接入通信覆盖提供了一种更优的解决方案。智能分布式配电自动化、低压集抄、分布式能源接入等业务未来可借力 5G 取得更大的技术突破。5G 网络可发挥其超高带宽、超低时延、超大规模连接的优势，承载垂直行业更多样化的业务需求，尤其是其网络切片、能力开放两大创新功能的应用，将改变传统业务运营方式和作业模式，为电力行业用户打造定制化的"行业专网"服务，相比以往的移动通信技术，可以更好地满足电网业务的安全性、可靠性和灵活性需求，实现差异化服务保障，可以进一步地提升电网企业对自身业务的自主可控能力。

1. 全球各国均将 5G 作为数字化战略的先导领域

全球各国的数字经济战略均将 5G 作为优先发展的领域，力图超前研发和部署 5G、普及 5G 应用。欧盟于 2016 年发布《欧盟 5G 宣言——促进欧洲及时部署第五代移动通信网络》，将发展 5G 作为构建"单一数字市场"的关键举措，旨在使欧洲在 5G 网络的商用部署方面领先全球。韩国在 2018 年平昌冬奥会期间开展 5G 预商用试验。我国将在 2019 年实现 5G 试商用，2020 年实现全面商用。

2. 各垂直行业充分参与 5G 标准制定，使 5G 更好地服务垂直领域

3GPP 在 5G 的标准制定中，广泛征求各垂直行业应用场景及需求。除运营商、传统通信设备厂商以外，各垂直行业代表（例如，德国大众、西门子、博世、阿里巴巴、南方电网等企业）纷纷加入 3GPP 标准组织，充分发表对各自领域的标准要求。南方电网首次参与了 3GPP 5G 电力需求标准制定，主导提出了 10 余项电力标准提案，这也意味着电网公司将更深度参与 5G 电力需求及技术实现方案的标准制定中，助力 5G 基础设施更广泛地服务于电力行业用户。

3. 5G 提供差异化的安全隔离服务

5G 网络切片技术，可为电网不同分区业务有望突破以往的无线通信技术安全隔离能力，提供差异化的安全隔离服务，5G 在不同生产、管理大区的电力业务有不同的安全隔离要求。5G 网络切片技术可为电网不同分区业务提供物理资源、虚拟逻辑资源等不同层次的安全隔离能力，为智能电网的业务承载提供更好的安全保障。

4. 5G 提供更强大的承载能力

5G 面向多种场景，可满足更丰富的智能电网业务发展需求。智能电网的业务类型丰富，有无人机、智能巡检等大带宽的视频类业务；差动保护等低时延的控制类业务；高级计量、新能源等大连接业务。相对 4G，5G 对智能电网业务的承载更全面。例如，其大规模机器连接场景（mMTC）提供百万～千万级的连接能力；增强移动带宽场景（eMBB）的终端在 10~100Mbit/s 级别的带宽承载能力；超高可靠低时延场景（uRLLC）提供网络端到端 10ms 级的时延能力。

5. 5G 网络可实现电力终端业务的可现、可管、可控

5G 网络具备能力开放与更高效灵活的运营管理能力。电力企业可利用公网运营商提供的各种能力开放。例如，网络切片定制设计、规划部署来实现线上的快速业务开通（分钟级）；利用切片运行监控能力实现运营商网络资源运行

的监控及故障定位；通过通信终端或模组采集的各类数据实现对终端的在线管理等，最终实现智能电网的可观、可管、可控。

6.5G 将兼容广域物联网技术

5G 在标准演讲上将兼容广域物联网技术在后续终端接入适配上具有一定优势。NB-IoT、eMTC 等广域物联网技术与 5G 均为 3GPP 标准，在技术演进及兼容性上看，5G 的 R16 版本将充分考虑与 NB-IoT、eMTC 等制式的兼容演进。

7.5G 面向全行业的

5G 不仅服务电力行业，其产业投入是面向全行业的，长远来看，未来有望进一步降低电网的使用成本。LTE 电力专网、LTE-U 等成本一直居高不下，产业未能成熟，主要原因是仅面向电力行业，产业空间不足。相比之下，5G 背靠运营商，且运营商使用 5G 的目标就是希望能从行业客户中获得移动通信收入的新增长点（个人用户已饱和）。因此，5G 必然将更倾向于各行业之间的融合发展，各行各业将共同推动 5G 的产业成熟，进一步降低成本。

第 9 章
5G 智能电网整体解决方案

本章主要从端、管、云、安全体系 4 个部分给出了 5G 智能电网整体解决方案。

端的层面，本章对 5G 电力通信的两类终端形态——独立式通信终端和嵌入式通信模块的未来发展方向进行了展望。

管的层面，提出了电力业务网络切片的基本概念，提出了电力业务网络切片的隔离方案、可靠性保障方案和能力开放方案。

云的层面，设计了电力业务通信管理支撑平台的顶层总体架构，从数据采集域、应用域、管理域、统一接口服务域几个层面分析了各项功能模块，并从"业务""通信""业务切片规划及订购""切片编排及实现" 4 个流程实现了电力行业的切片管理。

安全体系方面涵盖了端、管、云 3 个层次。

本章重点聚焦在端、管两侧，提出了多个安全方案，并在信息安全层面与 4G 进行了深入比较。

| 9.1　总体体系 |

5G 智能电网整体解决方案总体分为端、管、云、安全体系 4 个部分。

1. 端的层面

端的层面主要包括智能分布式配电自动化终端、集中器、电表、无人机、巡检机器人、高清摄像头等不同电力终端，分别对应 5G 的三大网络切片场景。

2. 管的层面

管的层面主要包括基站、传输承载、核心网等网络，共同为智能电网提供网络切片服务。并可根据不同的电力业务分区，在三大网络切片的基础上，进一步为电力企业不同的业务提供不同的子切片服务，保证电力业务的安全隔离要求，通过与电力各类业务平台对接，实现电力终端至主站系统的可靠承载。同时运营商网络通过能力开放平台，实现终端与网络信息的开放共享，进而为电力行业提供网络切片二次运营创造了机会。

3. 云的层面

5G 基于 NFV/SDN 的网络实现方式，为电力行业客户提供更开放、更便捷的终端业务自主管理、自主可控能力。基于云的层面，电力领域的业务平台总体上可分为两大类。

★ 第一类是传统的电力业务平台。例如，配网自动化、计量自动化等主站系统。

★ 第二类是电力业务通信管理支撑平台。这类平台主要包括通信终端管理、业务管理、切片管理、统计分析及高级应用五大应用。

　　第二类平台对于电力内部，作为通信管理的能力开放平台，为第一类业务平台提供切片管理服务以及终端状态、流量状态等信息，实现电力终端通信的可管可控。此平台对外将作为与运营商网络的接口，通过对接运营商网络能力开放平台或终端应用层交互的方式，获取终端、业务、网络等状态信息，并在此基础上提供基于大数据的更多高级应用。

4. 安全体系层面

　　安全体系方面涵盖了端、管、云 3 个层次。云层面将根据电力行业及国家相关要求，电力生产控制类业务通过 5G 公网进入电力业务平台前，将接入安全接入区，进行必要的网闸隔离。在 5G 智能电网安全体系方面，重点聚焦在端、管两侧，主要通过利用 5G 提供的统一认证框架、多层次网络切片安全管理、灵活的二次认证和密钥能力以及安全能力开放等新属性，进一步为平台提供了安全保障。5G 端到端网络切片总体体系如图 9-1 所示。

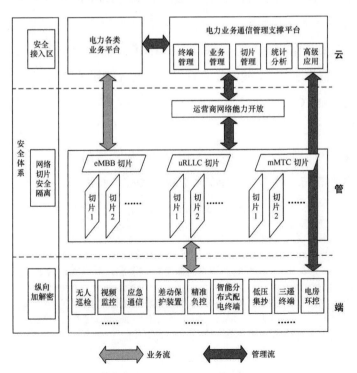

图 9-1　5G 端到端网络切片总体体系

|9.2 终端部分|

9.2.1 业务类型与网络切片间映射关系

5G 智能电网典型的业务场景包含了 eMBB、uRLLC、mMTC 三大场景。

其中，eMBB 场景主要为智能电网的大视频应用，包括变电站巡检机器人、输电线路无人机巡检、配电房视频综合监控、移动现场施工作业管控、应急现场综合自主网应用。uRLLC 场景主要包括智能分布式配电自动化、精准负荷控制业务。mMTC 场景主要为分布式能源调控及高级计量两大业务。

9.2.2 5G 电力通信终端形态展望

5G 电力通信终端形态将包括独立式通信终端（Customer Premise Equipment，CPE）、嵌入式通信模块两类。

其中，CPE 南向与电力业务终端的接口进行适配，北向接入 5G 网络。

嵌入式通信模块把 5G 的通信能力集成到电力业务终端内部。

在智能电网 5G 典型的应用场景中，综合考虑终端形态、改造成本、移动性、负载性、取电等因素，对于变电站巡检、无人机巡线、配电房视频综合监控、移动现场施工作业管控、应急通信等大视频应用的终端，建议后续主要采用嵌入式模块方式。对于智能分布式配电自动化、精准负控、分布式能源调控的终端可采用 CPE 或嵌入式通信模块的方式。典型电力终端的通信终端形态及其网络切片映射见表 9-1。

表 9-1　典型电力终端的通信终端形态及其网络切片映射

业务类别	典型电力终端	5G 通信终端形态	主要考虑因素	网络切片类型
智能分布式配电自动化	智能分布式配电终端、智能 DTU	CPE/ 嵌入式模块	—	uRLLC
用电负荷需求侧响应	负荷管理控制终端	CPE/ 嵌入式模块	—	uRLLC

续表

业务类别	典型电力终端	5G 通信终端形态	主要考虑因素	网络切片类型
分布式能源调控	分布式采集、控制终端	CPE/ 嵌入式模块	—	mMTC
高级计量	集中器、电表	嵌入式模块	形态小，成本低	mMTC
变电站巡检	巡检机器人	嵌入式模块	移动性、取电难	eMBB
输电线路巡检	无人机、高清摄像头、线路故障指示器	嵌入式模块	移动性、减少负载、取电难	eMBB
配电房视频综合监控	移动高清摄像头	嵌入式模块	移动性、形态小	eMBB
移动现场施工作业管控	移动作业终端	嵌入式模块	形态小	eMBB
应急现场自组网综合应用	无人机、智能头盔、单兵作业终端	嵌入式模块	移动性、形态小、减少负载	eMBB

9.2.3　通信终端需求

9.2.3.1　独立式通信终端

电力独立式通信终端（CPE）未来的发展方向主要是全业务泛在接入、安全可靠、灵活可配置 3 个方面。全业务泛在接入 CPE 总体架构如图 9-2 所示。

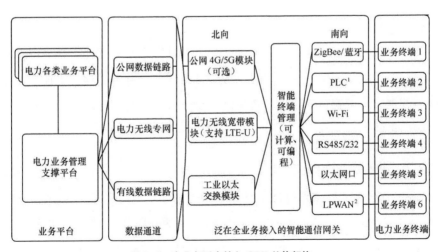

图 9-2　全业务泛在接入 CPE 总体架构

1　PLC（Power Line Communication，电力线通信）。

2　LPWAN（Low Power Wide Area Network，低功率广域网络）。

1. 泛在接入

根据电力现有设备的通信接口，南向主要集成 Wi-Fi、RS485、RS232、以太网口、AD/IO 等接口，并可扩展支持 ZigBee、LoRa、蓝牙、LoRaWAN 基站等能力，适配不同的电力终端、各类传感器接入需求。北向根据场景可选择配置电力无线专网、无线公网（含 5G）、卫星通信、以太网口等。在实际应用中，可考虑支持至少两种方式作为互备，这样可保障通信链路上至少有两条不同的物理通道，满足电力 N-1 的安全要求。

2. 安全可靠

在无线公网模块上，可配置双通道安全模式，如 4G、5G 双卡双待。可靠性的提升主要体现在以下两个层面。

★ 通道主备关系的保障，即 5G 将作为主用通道，4G 或其他通信方式作为备用通道。当 5G 服务失效时，通道自动切换到备用通道中，以满足 N-1 通道的可靠性保障要求。

★ 从数据安全的层面，从通道选择机制上提升安全性，可考虑把两个通道均作为业务通道，通过 SDN 控制器对通道状态的感知及智能调度，把同一种业务数据分散在两个不同通道上传输。这种方式有效弥补了现有无线公网安全承载的问题。

3. 灵活配置

CPE 集成轻量级操作系统，即插即用。通过电力业务管理支撑平台对其进行远程配置、版本升级，并通过安装 App 的方式实现终端管理、下挂电力终端的网络管理、流量管理等。这样可极大减少千万级终端的现场施工调测、定期巡检所带来的工作压力。

9.2.3.2　嵌入式通信模块

嵌入式通信模块未来将包含 5G 标准化通信模组、电力终端内部适配两部分。其中，5G 标准化通信模组应按照电信运营商、通信设备厂商的相关标准集成。

电力终端内部适配部件需根据电力业务终端的不同接口、电器特性要求封装集成，满足电力终端通信模块即插即用的使用需求。全业务泛在接入 CPE 总体架构如图 9-3 所示。

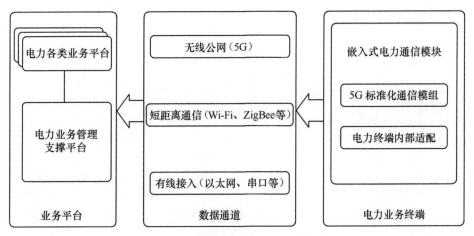

图 9-3　全业务泛在接入 CPE 总体架构

|9.3　网络部分|

9.3.1　电力业务网络切片概述

基于电力行业的需求和网络切片技术的理念，面向电力的端到端切片解决方案如图 9-4 所示。

运营商将提供三大类切片满足不同类型的业务需求：eMBB 切片满足高带宽业务需求；uRLLC 切片满足低时延业务需求；mMTC 切片满足大连接业务需求。每类切片可按需构建多个网络切片实例，电网企业可根据切片运行的状态及业务需求，为所属各单位提供差异化的电力业务网络切片服务。智能电网的不同业务场景与网络切片类型的映射关系可参考本书 8.2.1 节内容。

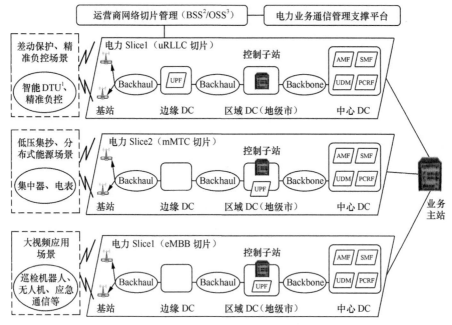

图 9-4 面向电力的端到端切片解决方案

1 DTU（Distribution Terminal Unit，配电路端）。

2 BSS（Business Suport System，业务支撑系统）。

3 OSS（Operation Support System，运营支撑系统）。

9.3.2 电力业务网络切片隔离方案

电力行业网络切片隔离主要包括以下两大维度：电力与其他行业及个人用户通信业务之间的隔离，以及电力自身不同分区业务之间的隔离。针对上述两大维度，可从接入网（含空口、基带、协议栈等）、传输网和核心网 3 个层面分别定制不同的隔离策略。

1. 接入网隔离方案

接入网整体可划分为 3 个部分：空口 / 射频、基带处理和高层协议栈。

高层协议栈功能具备灵活的隔离架构，它既可以完全共享，也可以对电力的不同区域或类型的业务进行按需隔离。

在空口频谱资源的使用策略上，电力业务和运营商网络中的其他业务共享频谱资源，采用相同的上下行配比。所有业务在时域和频域两个维度都可进行动态的按需调度。其中，uRLLC 和 eMBB 可以共享频段，通过不同的物理层参数、调制编码方案、调度方案等达成差异化的时延、可靠性目标。

基于频谱资源共享的前提，接入网的低层设备资源，例如，射频、前传、基带等部分功能与资源也都是共享的。

针对电力业务网络切片中可能存在的紧急保障类需求，可以通过优先接纳、负载控制等技术，优先保障电力中的优先级较高类业务，避免其他切片中的业务影响优先级较高类电力业务。在确有需要的情况下，运营商可以为电力配置特定的抢占策略，以抢占其他优先级更低的切片资源。

2. 传输网隔离方案

无线接入网（RAN）与核心网（CN）之间的回传网络连接可以用运营商网络，从而可以达成更好的终端到终端（E2E）切片配合效果。回传网络的业务切片，根据对安全和可靠性的不同诉求，分为硬隔离和软隔离。

硬隔离基于 TDM 时隙交叉实现；软隔离基于 VLAN 和 QoS 实现，支持灵活的业务区分。通过支持软、硬隔离的传输网络切片可以满足电力需求。

3. 核心网隔离方案

在无线蜂窝网 3GPP 标准中已经明确，核心网在逻辑功能上严格隔离，区分切片，每个切片都有专用的功能。每个切片只能访问本切片的会话数据。

核心网隔离有两大类方案：物理隔离，即物理服务器电力专用，例如，有极高的安全需要，可将服务器部署在不同的地理位置；逻辑隔离，即电力与运营商其他业务共享硬件服务器、区分虚拟机。

9.3.3　电力业务网络切片可靠性保障方案

公网运营商网络可为关键、核心的电力业务网络切片提供至少 99.99% 的整体网络通道可用度服务，并有多样化的保障机制来满足电力的不同业务需求。

1. 传输硬管道和主备保护链路

传输为电力业务网络切片提供硬管道，保护业务传输不受其他业务影响，保

证业务的带宽和时延等。运营商的核心网和回传部分的传输通道可以采用备份机制，基于快速主备倒换技术，支持电力业务在主用和备用通道之间无损迁移。

2. 故障检测与快速处理

运营商通过部署实时监控技术，针对网络中的多项运行指标进行联合分析，检测不同类别的异常场景，进行故障隔离和快速恢复。

3. 接入侧双频组网

运营商可以在基础覆盖能力上进行按需增强，例如，采用多个频段进行交叠组网，当某一个频段出现覆盖丢失、极度拥塞的情况时，将电力业务转移到另一个频段上。

9.3.4 电力业务网络切片能力开放方案

电力业务网络切片由公网运营商向电网企业提供切片订制的可选菜单，运营商针对电力的业务订购，转换成网络语言进行切片部署，切片部署的过程对电网企业是透明的，且公网运营商可把切片的实时运行状态（例如，基础资源运行状态、业务关键指标、异常告警信息等）开放给电网企业，电网企业可根据切片运行状态及不同分区的业务需求，为所属各单位进行高强度的安全隔离，定制化分配资源，提供差异化切片服务，从而形成行业切片运行闭环管理。5G 电力业务切片服务如图 9-5 所示。

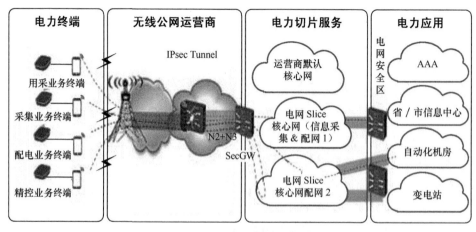

图 9-5 5G 电力业务切片服务

围绕电力业务网络切片的定制、部署、运行 3 个环节，公网运营商拟向电力行业用户开放的切片管理能力包括切片定制设计、切片规划与部署、切片运行监控 3 个方面。电力业务网络切片能力开放架构如图 9-6 所示。

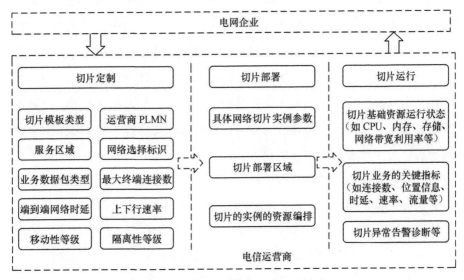

图 9-6　电力业务网络切片能力开放架构

1. 电力业务网络切片定制设计

　　基于电力行业与运营商达成的商业意向，电网企业可参与电力业务网络切片的顶层设计过程。在业务设计阶段，电网企业可参与的内容包括以下几个方面。

　　在 eMBB、uRLLC、mMTC 三大类基础上，电网企业可按需扩展自定义的切片类型，以区分不同分区业务或有特殊管理需求的业务。

　　设置具体电力业务与网络切片类型的映射关系。对于通信安全、可靠性、部署位置等需求差异很大的业务，可以通过网络切片隔离来实现，只在时延、速率、丢包率方面有细微差异的业务，且没有独立管理需求的业务可以通过 5QI 来区分。

　　设置接入网络切片的终端数量，不同类型的网络切片，其允许设置的终端接入数量级别也有差异，uRLLC 网络切片支持的终端数量相对较少。

　　定义每个网络切片的逻辑功能，例如，针对不需要移动性的网络切片，可

以不需要移动性处理模块；针对需要定位服务的网络切片，可以增加定位处理功能。

2. 电力业务网络切片规划与部署

同一种网络切片类型、同样的电力业务，在不同的地理范围内可以定义多个网络切片实例。例如，为各省 / 地 / 市分别部署不同的网络切片实例，最终在全网范围内形成几十个可管理的切片实例。电力业务网络切片综合管理器则可部署在集中区域，便于查看所有电力业务网络切片的实例状态。

对于不同类型的切片，可按需选择资源冗余、主备倒换等方案，以满足不同可靠性要求；对于超高可靠性的业务，可单独定义是否需要双频组网等特殊覆盖部署；针对地理位置特殊的电力业务，尤其是地下室等需要深度覆盖的特定区域，可按需定义其室内部署方式。

3. 电力业务网络切片实例运行监控

公网运营商通过可视化界面或 API 接口将网络切片运行状态的相关信息开放给电网企业，以便对不同类型不同业务的多个网络切片实例进行实时监控管理。切片运行状态是指基础资源的运行状态。例如，核心网的中央处理器（CPU）、内存，接入网的频谱资源使用情况等。切片业务的关键性能指标，例如，切片的在线用户数、时延、速率，以及切片运行异常告警与诊断信息等。

| 9.4 电力业务通信管理支撑平台 |

9.4.1 电力业务通信管理支撑平台总体架构

电力业务通信管理支撑平台总体上分为数据采集与控制层、平台层、管理应用层及横向接口 4 个层次。

1. 数据采集与控制层

数据采集与控制层可通过 RestFul 接口与运营商的网络能力开放平台对接，或直接通过应用层协议从无线终端采集相关状态的数据。同时，通过运营商能力开放平台获取终端所属网络切片状态的信息。该平台需要考虑与多个运营商网络能力开放平台对接，以保障接入不同运营商网络的终端均可观、可控。数据采集层通过消息总线向上提供灵活的数据交互能力。

2. 平台层

平台层通过 API 接口为上层应用提供数据存储、流量引擎、负载均衡等公共服务能力，实现基础能力的统一封装，支撑上层应用的快速上线。

3. 管理应用层

管理应用层主要包括终端管理、业务管理、切片管理、统计分析及其他高级应用等，向下通过 API 接口调用平台层所封装的能力，实现业务的灵活快速上线，对外通过 Web 等方式实现各类管理终端的远程接入。

4. 横向接口

横向接口提供 RestFul、Http、文件传输协议（File Transfer Protocol，FTP）等丰富接口适配传统电力各类业务系统。例如，系统运行、计量自动化、配网自动化等。电力业务通信管理支撑平台总体架构如图 9-7 所示。

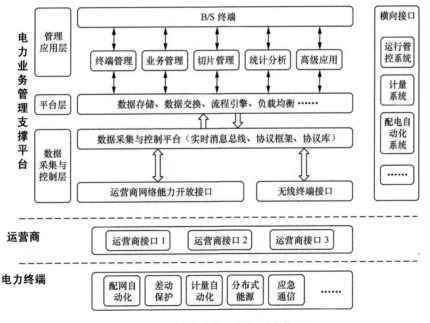

图 9-7　电力业务通信管理支撑平台总体架构

9.4.2 电力业务通信管理支撑平台功能模块

电力业务通信管理支撑平台主要包括数据采集域、应用域、管理域、统一接口服务域的基本功能模块 4 个部分。有别于以往的移动通信网络发展模式，依托 5G 网络能力开放和切片技术，未来该平台将为电网企业提供更丰富、更多元化、更灵活的网络切片服务管理能力，同时电力业务通信管理支撑平台自身也以更开放的架构，向电力内部业务提供支撑服务。

1. 数据采集域

数据采集域主要实现接口层的适配，实现与运营商接口、无线终端的统计接口采集。

2. 应用域

应用域包括通信终端管理、连接管理、网络切片管理、统计分析 4 项基础应用及高级应用。其中，通信终端管理、连接管理主要实现电力通信终端位置、状态、性能、台账、卡号、流量、业务资费、在线状态等信息的监测管理。

3. 管理域

网络切片管理分为两类：一类是状态监测型，主要包括对运营商网络的业务切片属性、切片资源视图、切片负荷运行状态的监测；另一类是控制管理型，包括根据电力企业的需求订购网络切片，选择网络切片类型、容量、性能及相关覆盖范围，可根据电力企业的需求调整切片的功能、业务属性、资源分配，调整不同业务之间切片的隔离程度（例如，物理隔离、逻辑隔离），并可以给予电力企业自行进行切片上下线管理的权限等功能。

统计分析应用主要包括终端、业务运行、SIM 卡状态、网络切片及故障告警灯基础分析。

高级应用基于大数据态势感知分析的驾驶舱综合展示、重要场景保障监视、区域隐患预警、终端预警分析等。

4. 统一接口服务域的基本功能模块

统一接口服务域主要实现在本支撑系统与系统运行控制系统、计量系统、自动化系统的对接，以微服务的方式向各类系统提供通信终端、状态、网络的相关数据服务。电力业务通信管理支撑平台功能模块如图 9-8 所示。

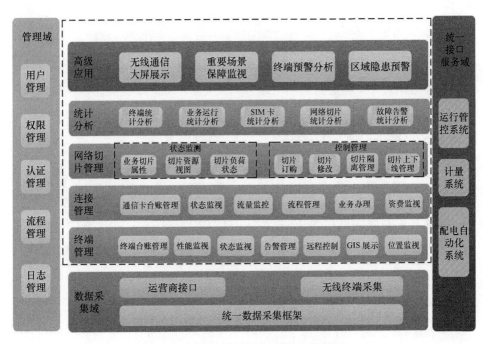

图 9-8　电力业务通信管理支撑平台功能模块

9.4.3　电力行业切片管理实现

电力行业的业务需求是无限的，而网络资源是宝贵的。为了让 5G 网络资源更高效地匹配业务需求，未来 5G 为行业提供的切片服务管理将需要结合电力行业的业务特点、5G 通信服务的关键指标融入一并考虑。只有深入了解电力行业的业务特点，才可以有效实现 5G 网络资源的编排配置，提升网络的运营效率。

聚焦在电力行业的切片管理实现，我们可以归纳为"业务""通信""业务切片规划与订购""切片编排与实现"4 个流程。其中，前 3 个流程均需要电网企业的深度参与方可完成整个闭环流程。

1. 业务

在电力行业，专业是细分的。这里的业务是相对通信而言，对于需要通信专业提供通道服务的专业均可称为"业务"需求。该环节主要有两个目标：一是根据 5G 通信敏感、关注的信息，从上游业务中获取业务需求；二是尽可能地简化业务部门的工作量，用最简单便捷的方式，抽象出业务模型。

因此，一般业务模型可以抽象为"业务类型""服务范围""服务对象"3 种。

业务类型需要解释的是应用的是什么业务。例如，控制类、采集类、应急通信类的某业务，以及该类业务的连接规模。不同的业务类型将对应不同的通信指标需求模型、安全隔离模型。

服务范围需要细化到区域甚至是经纬度的颗粒度。例如，区县、市、省、集团等。不同的区域范围，将对运营商 5G 网络的部署有较大影响。

服务对象需要明确使用主体，可以是公司的决策层、市场人员、运维人员、管理人员、网络设备等，不同的主体在移动性、保障性、网络服务权限有较大差异。

2. 通信

在该环节需要通信的管理部门对业务需求进行通信关键指标建模。该建模工作主要把每项微观的业务需求（卡、设备颗粒度），按照一定的业务模型转换为通信的关键指标。

此环节的关键在于，不同的业务模型对应的通信指标模型随着业务的发展及个性化需求的变化，通信关键指标需要同步持续更新。例如，在电力系统中，某业务调整了安全接入区的范畴，则对应的安全隔离要求做出相应调整。再如，电力新业务上线（例如，配网 PMU、配网差动保护等）则需要定义新的业务模型以及通信的关键指标模型。

3. 业务切片规划与订购

该环节是电网用户切片订购的核心环节，主要是完成所有通信微观需求（指以卡为颗粒度的需求明细）的整合，对内完成电力业务切片的规划管理，对外完成与运营商的切片服务衔接，最终根据规划的切片向运营商提出订购需求。

在通信微观需求整合的环节，可以按照不同的维度。例如，按照业务终端、安全分区、带宽、时延、连接数、用户类型等。

对电力业务切片的规划管理则需要电力内部的人员对业务切片类型、服务区域、切片容量、带宽、时延模型进行定义，并向运营商提出相应的 SLA 服务需求，最终需要输出给运营商购买某类型的若干张切片服务。

向运营商提出订购需求主要是需要与运营商的能力开放平台对接，实现相关参数的线上传递，以实现快速的订购、修改、删除等功能。

4. 切片编排与实现

该环节主要在运营商侧实现。对于运营商而言，该环节主要包括整合、实现两个环节。

对于运营商而言，电力业务切片仅是众多行业切片的需求之一，从网络资源效率最大化的角度，运营商需要整合电力切片订单及其他行业切片订单，综合考虑后生成一个具体的网络切片资源订单。例如，对于电力配网差动保护业务，要求严格物理隔离的，则需单独分配网络资源；对于电力视频安防、无人机巡检类的业务，可以与同区域的其他类似行业业务整合为一张大 eMBB 切片。

实现环节主要是运营商根据最终整合的切片资源需求，通过切片资源管理器完成无线、传输、核心网端到端的资源编排，并把最终的结果反馈给电网客户。电力行业切片管理实现如图 9-9 所示。

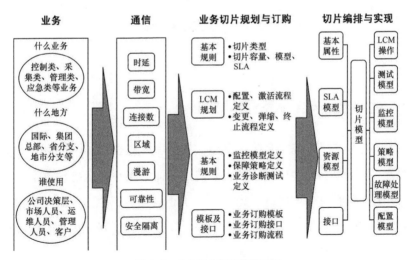

图 9-9　电力行业切片管理实现

从系统实现的角度看，运营商内部也会分为若干个层次。运营商内部分层如图 9-10 所示。

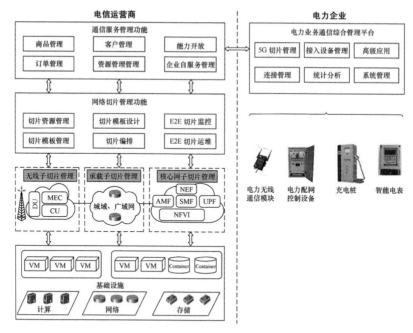

图 9-10 运营商内部分层

|9.5 安全体系|

9.5.1 智能电网安全体系整体要求

根据《电力监控系统安全防护规定》（国家发改委 2014 年第 14 号）、国家能源局《关于印发电力监控系统安全防护总体方案等安全防护方案和评估规范的通知》（国能安全〔2015〕36 号文）的相关规定，电力业务的安全总体原则为安全分区、网络专用、横向隔离、纵向认证，落实到上述云、管、端的体系中，整体要求如下。

1. 云（安全分区、横向隔离）

（1）安全分区

电力业务总体上可分为生产控制大区和管理信息大区两大类。其中，生产控制大区可分为控制区（安全区 I）和非控制区（安全区 II）；管理信息大区内部可根据企业的不同需求划分为不同的安全区。

（2）横向隔离

电力要求生产控制大区与管理信息大区的业务平台之间采用严格的物理隔离（例如，采用不同的波长、时隙、物理光缆、设备等），而在两大区域内部的业务则可采用逻辑隔离（例如，子网、MPLS-VPN 等技术）。

2. 管（网络专用、横向隔离）

为满足电力监控系统安全防护的总体要求，5G 网络将发挥其灵活、高强度安全隔离的网络切片技术优势，辨识电力业务的安全分区属性，将其映射到不同的网络切片，并按照横向隔离的要求，为不同区域的业务制定不同的安全策略，提供不同的专网安全保障服务。

3. 端（纵向加密）

一般终端可采用基于非对称加密技术的安全防护手段，实现终端对主站的身份鉴别与报文完整性保护。对重要终端可采用双向认证加密技术。此外，针对特定的重要业务，还可以采用机卡绑定、基于终端证书等信息的二次认证方式进一步提高业务的安全性。

在上述云、管、端三大领域中，云领域属于应用层安全，电网的相关业务系统将遵循国家的相关规范实施，5G 助力智能电网的安全提升将重点关注管道安全、终端、信息安全三大领域。

9.5.2　管侧安全方案

对于智能电网的应用，管侧安全重点聚焦于"网络专用、横向隔离"。5G 网络将重点关注网络切片安全与网络安全的能力开放两个方面。

1. 网络切片安全

5G 核心网提供多层次的切片安全保障，为智能电网业务提供差异化的隔离服务。5G 切片安全机制主要包含 3 个方面：用户设备（UE）接入安全、网络域安全，外网设备访问安全。

（1）UE 接入安全

通过接入策略控制来应对访问类的风险，由 AMF 对 UE 进行鉴权，从而保证接入网络的 UE 是合法的。另外，可以通过分组数据单元（PDU）会话机制来防止 UE 的未授权访问。

（2）网络域安全

网络域通信安全可以分为以下 3 种情况。

★ NF 间互访安全

网络功能（NF）理论上具备访问其他所有 NF 的能力，因此切片内的 NF 需要安全的机制控制来自其他 NF 的访问，防止其他 NF 非法访问。安全机制可考虑使用 NF 间的认证与授权机制。

★ 不同切片间 NF 的隔离

不同的切片要尽可能保证隔离，各个切片内的 NF 之间也需要进行安全隔离。例如，部署时可以通过 VLAN（虚拟局域网）/VxLAN（虚拟扩展局域网）划分切片。

★ 切片内的 NF 之间的安全

在切片内的 NF 之间通信之前，按需可以先进行认证，保证对方 NF 是可信 NF，然后可以通过建立安全隧道保证通信的安全，例如，加密网络协议（IPSec）。

（3）外网设备访问安全

在切片内 NF 与外网设备间，部署虚拟防火墙或物理防火墙，保护切片内网与外网的安全。如果在切片内部署防火墙则可以使用虚拟防火墙，不同的切片可按需编排；如果在切片外部署防火墙，则可以使用物理防火墙，一个防火墙，可以保障多个切片的安全。

2. 网络安全的能力开放

5G 网络安全能力开放，助力智能电网采用实时灵活的安全保障措施。体现 5G 网元与外部业务提供方的安全能力开放，包括开放认证与密钥管理。也可以根据业务对于数据保护的安全需求，提供按需的用户保护。5G 网络安全能力开放主要归结为 5G 网络安全策略的可定制化与隔离网络切片中独立的安全管理两种。

（1）5G 网络安全策略的可定制化

按照业务的通信需求（例如，不同的时延、QoS、安全等业务的特性需求），5G 网络可以为每种业务设计分配承载不同的业务数据，以满足业务通信属性的切片网络。

针对高安全要求的切片，可为其设计增强的安全机制，提供支持高安全级别的网元。例如，支持更安全密钥算法的 AMF、支持安全功能的用户面网元（例如，抗拒绝服务（Denial of Service，DoS）、防火墙、入侵检测系统（Intrusion Detection System，IDS）/入侵防御系统（Intrusion Prevention System，IPS）、WAP 等）。

安全策略管理器向切片安全编排器发送安全需求，安全编排器将安全需求转换为安全控制指令，为切片配置安全功能和策略，实现可定制化的切片安全策略。

具体的安全能力与特征值示例见表 9-2。安全策略可定制化如图 9-11 所示。

表 9-2　安全能力与特征值示例

安全能力		安全特性选项
机密性保护	是否机密性保护	Y/N
	机密性保护算法	AES[1]/Snow 3G/ZUC
	机密性保护密钥长度	128/256/512 bit
完整性保护	是否完整性保护	Y/N
	完整性保护算法	AES/Snow 3G/ZUC
	完整性保护密钥长度	128/256/512 bit
	完整性保护参数长度	32/64/128 bit
其他能力	是否需要 DDoS[2] 防御能力	Y/N
	是否需要 IDS 能力	Y/N
	保护节点	RAN/CN

注：1　AES（Advanced Encrypthon Standard，高级加密标准）。

　　2　DDoS（Distributed Denial of Service，分布式拒绝服务）。

（2）隔离网络切片中独立的安全管理

通过应用编程接口（API），运营商可以与垂直行业共享网络安全能力方面

的应用，从而让垂直行业服务提供商能有更多的时间和精力专注于具体垂直行业应用的业务逻辑开发，进而能快速地、灵活地部署各种新业务，以满足用户不断变化的需求。网络中相同的安全能力通过实例化能共享给多个垂直行业的应用，同时还能保证安全相关数据的隔离，从而提高运营商网络安全能力的使用效率。

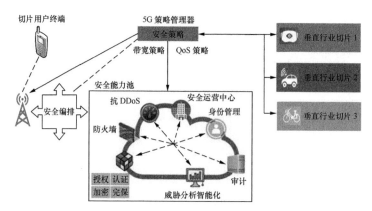

图 9-11　安全策略可定制化

开放的网络安全能力包括以下 3 个方面。

★第一，基于网络接入认证向垂直行业应用提供访问认证，即如果垂直行业应用与运营商网络层互信时，用户在成功通过网络接入认证后可以直接访问垂直行业的应用，从而在简化用户访问垂直行业应用认证的同时也提高了访问效率。

★第二，基于终端智能卡（例如嵌入式用户识别卡（Embedded Subscriber Identity Module，eSIM））的安全能力，运营商可以拓展垂直行业应用的认证维度，增强认证的安全性。

★第三，基于安全能力管理服务，运营商可以将网络安全管理能力共享给垂直行业的应用，以支持隔离的网络切片中具有独立的安全管理能力。

9.5.3　端侧安全方案

端侧安全重点聚焦"纵向加密"。智能电网可利用 5G 所提供的统一的认证框架、二次认证和密钥管理的新功能进一步提升终端侧的安全管理能力。

1. 利用 5G 统一的认证框架，满足更丰富的智能电网终端接入认证需求

为了使用户可以在不同接入网间实现无缝切换，5G 网络将采用一种统一的认证框架，可支持各种应用场景下的双向身份鉴权，进而建立统一的密钥体系。

2. 5G 提供灵活的二次认证和密钥管理，提升智能电网的终端管理能力

二次认证是 3GPP 定义的附加认证体系，是指 UE 和运营商网络在执行必要的基于 3GPP 认证凭证的认证之后，在 UE 接入外部数据网络前，可选执行基于外部第三方认证服务器的认证，用以控制 UE 接入外部数据网络。可以由切片内的会话管理功能（SMF）作为 EAP 认证器，为 UE 进行二次认证。

二次认证将最终能否成功接入特定数据网络的能力交给垂直行业，垂直行业的应用服务器可随时添加、删除、管理可接入数据网络的用户。使用二次认证后，运营商网络成为垂直行业应用天然安全的屏障。只有垂直行业应用服务器允许的用户才能接入其网络，对于任何监测到的恶意用户，该应用服务器可随时对其进行隔离、处置。

二次认证主要提供了 UE 与外部数据网络（例如，业务提供方）之间的业务认证以及相关密钥管理功能。在智能电网领域，电网客户终端设备（CPE）通常位于无人值守的户外，其所使用的全球用户识别卡（Universal Subscriber Identity Module，USIM）可能被攻击者窃取，然后插入其他设备中冒充正常 CPE 接入电网网络而发起攻击。二次认证可以解决由于电网客户终端设备（CPE）所使用的 USIM 卡被盗而引起的针对电网网络发起的攻击。

5G 网络可以与智能电网的业务侧平台配合，通过二次认证可以实现外部数据网络的验证、授权和记账（Authentication、Authorization、Accounting，AAA）服务器对与其有签约关系的 UE 进行认证，然后根据认证是否成功来决定该 UE 是否被允许接入上述数据网络。

需要注意的是，与 UE 接入运营商网络时进行首次认证所使用的存储于 USIM 的信任状不同，二次认证需要通过额外的信任状（例如，证书）来实现，并且该信任状仅在二次认证过程中被使用。由于攻击者所使用的终端不具备二

次认证所使用的信任状，当攻击者在尝试接入电网网络时会因为无法通过二次认证而被拒绝，以保证电网网络的安全。

9.5.4　认证及安全加密

4G 网络的认证、加密算法的安全性都得到了实践的检验，5G 不仅在 4G 的基础上进一步加强了安全特性，而且为满足更多业务场景的需求，增加了安全能力的扩展。

1. 更好的数据安全保护

★ 密码算法的强度支持更高

5G 支持的高级加密标准（Advanced Encryption Standard，AES）、SNOW 3G（一种加密算法）、ZUC（祖冲之算法）等已被业界证明非常安全的算法。在 4G 网络中，对密码算法的密钥要求为 128 位。为了应对将来可能出现的更强计算能力与攻击方式，5G 已经将密钥长度的支撑能力延长到了256 位。

★ 对用户数据的完整性保护要求更严格

在 4G 中具备对信令数据（用于保障流程）进行完整性保护，避免篡改，但 4G 中缺乏对用户数据进行完整性保护的强制措施。而对于物联网、车联网、工业互联网等关键应用而言，任一字节被恶意篡改都可能引发应用的错误甚至物理上的安全损害。5G 提供了为用户数据进行完整性保护的机制，可确保用户的数据在空中接口传输的过程中不会被恶意篡改。

2. 更完善的认证机制支持

4G 网络的认证与密钥协商协议（AKA）认证机制具备了很高的安全性。5G 认证也采用 AKA 机制，并在 4G 的基础上进行了增强，称为 5G-AKA，并在机制和能力上进行了增强。5G 构筑了接入无关的统一安全框架，统一认证方法，统一密钥架构，即 3GPP 接入和非 3GPP 等多接入方式，均引入接入及移动性管理功能（AMF），由 AMF 统一发起认证服务器功能（AUSF）统一数据管理（UDM）即 AMF-AUSF-UDM 的认证流程；增加了漫游场景回归属地认证的控制。4G 与 5G 认证体系的差异如图 9-12 所示。

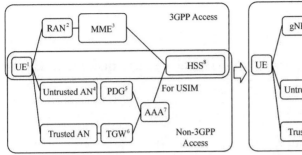
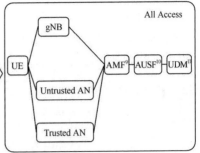

4G 安全架构 (3GPP 和非 3GPP 相对独立)　　**5G 安全架构 (统一的认证框架)**

图 9-12　4G 与 5G 认证体系的差异

1　UE（User Equipment，用户设备）。

2　RAN（Radio Access Network，无线接入网）。

3　MME（Mobility Management Entity，移动管理实体）。

4　AN（Access Network，接入网）。

5　PDG（Packet Data Gateway，分组数据网关）。

6　TGW（Tencent Gate Way，一套实现多网统一接入、外网网络请求转发、支持自动负载均衡的系统）

7　AAA（Authentication Authorization Accounting，认证授权记账）。

8　HSS（Home Subscriber Server，归属签约用户服务器）。

9　AMF（Access and Mobility Management Function，接入及移动性管理功能）。

10　AUSF（Authentication Server Function，认证服务器功能）。

11　UDM（Unified Data Management，统一数据管理）。

　　首先，5G-AKA 增强了归属网络对认证的控制。不仅考虑了对用户的认证，还考虑了对他网运营商的认证，防止拜访网络虚报用户漫游状态，产生恶意扣费等情况。

　　除此之外，5G 在认证机制上的一大新增特点是支持了对可扩展认证协议（Extensible Authentication Protocol，EAP）框架的支持。5G 为垂直行业的信息化和组网提供服务。对于这些网络，可能已经存在一些认证方式和认证基础设施。因此，5G 在支持这些网络场景时，既要求能支持垂直行业已有的机制，又能实现良好的扩展性。为此，5G 采用了非常灵活的 EAP 认证框架，既可运行在数据链路层上，不必依赖于 IP 协议，也可以运行于 TCP 或 UDP 协议之上。因为 5G 的这个新特点，EAP 可支持多种认证协议。例如，预共享密钥（Pre-shared Key，PSK）EAP，EAP 安全传输层协议（Transport Layer Security，TLS），EAP-AKA、EAP-AKA'等，所以既能继续支持垂直行业的已有应

用，又可以实现新认证能力的扩展。

3. 更好的隐私保护

除了对用户的信令和数据进行机密性保护之外，5G 还可以对用户的永久标识国际移动用户识别码（International Mobile Subscriber Indentification，IMSI）进行机密性保护。

在 2G 至 4G 的通信网络中，网络和终端会使用临时分配给用户的临时移动用户识别码（Temporary Mobile Subscriber Identity，TMSI）进行通信，但当临时标识和永久标识不能同步的时候，网络会请求用户终端发送永久标识到网络来进行认证，可能会使永久标识短暂地出现在无线信道上。攻击者可以使用 IMSI catcher（可以帮助使用者发现附近手机的 IMSI 号码，国家、品牌和运营商等信息的工具）等工具获取用户标识，并进一步构造攻击。

5G 网络能够利用归属网络的公钥对永久标识进行加密，从而在空口上无法看到明文传输的永久标识，从而有效地保护了用户的隐私信息。

4. 更好的攻击防护能力

对于网间，在 5G 网络中新增了安全边界保护代理设备（Security Edge Protection Proxy，SEPP）。SEPP 在运营商互通时建立安全传输层协议（TLS）安全传输通道，可有效防止数据在传输过程中被篡改。

在内部，核心网的网元之间采用服务化构架（SBA）架构互通，增加了认证、授权两项功能来保障内网的安全性。其中，一种采用 OAuth 2.0 授权框架，通过网络储存功能授权进行 NF 互访的权限控制；另一种提供 TLS 安全的传输通道，解决核心网内设备通信安全的传输问题。

此外，对于网络功能虚拟化、服务架构、边缘计算等都提出了新的安全场景、安全架设和安全需求。4G 与 5G 安全能力综合对比见表 9-3。

表 9-3　4G 与 5G 安全能力综合对比

	对比项目	4G	5G（第一阶段 eMBB）
架构	认证框架	3GPP: UE-MME-HSS N3GPP: UE-ePDG（非可信）/TGW/HSGW（可信）-AAA-HSS	All: UE-AMF-AUSF-UDM

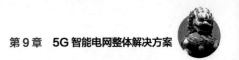

续表

对比项目		4G	5G（第一阶段 eMBB）
架构	认证算法	3GPP：EAP-AKA Non3GPP：EAP-AKA、EAP-AKA'	All：EAP-AKA'（5G-AKA 仅用于 3GPP 接入），增加归属网络确认认证结果
	安全锚点	3GPP：MME； Non3GPP：ePDG（非可信）/TGW/HSGW（可信） 3GPP 和非 3GPP 切换时需要重新确认和建立安全上下文	All：AMF 切换不需要重新认证，并共享锚点密钥
能力增强	用户面安全	机密性保护，用户面的安全协议基于 UE 粒度	机密性保护 / 完整性保护，安全写上基于会话粒度
	用户隐私	IMSI 明文在空口传输（安全上下文建立的）	使用归属网络的公钥加密 IMSI，IMSI 不在空口明文传输
	加密算法	128 位，Snow3G，AES，ZuC	128/256 位，Snow3G，AES，ZuC

第 10 章
5G 商业模式探讨

本章主要对 5G 的商业模式进行深入探讨。

首先，基于未来5G技术的多方位合作，对5G在电力行业发展的生态愿景进行展望，提出了未来的5G电力生态。

其次，对 5G 的套餐资费模式进行了整体阐述，从用户规模、业务类型两个维度总结运营商商业模式的发展历程，剖析国内外典型运营商的 5G 商业模式案例，并预判了 5G 未来整体商业模式的发展趋势和演变。

最后，聚焦智能电网领域，分析 5G 未来在电力行业可能实现的商业模式。

|10.1 5G 在电力行业发展的生态愿景 |

    未来，运营商、通信厂商、电力相关企业共同制定行业标准，构建 5G 电力生态。在此生态中，结合试点，实现各业务场景的通用化，并通过通信业务综合管理支撑平台实现兼容三大运营商的电力切片服务订购与管理。切片的具体实施部分由三大运营商整合不同的通信设备及服务商完成，通信终端的提供渠道是多样的，可以是设备厂商、运营商或南网自身的产业公司，而电力类的设备厂商需要考虑适配 5G，从而进行自身产品的升级改造。5G 的行业生态（电力行业）如图 10-1 所示。

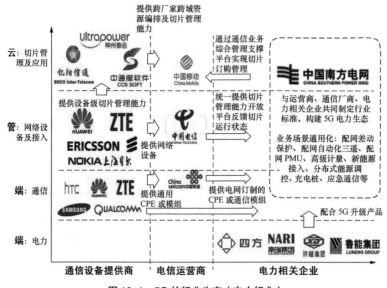

图 10-1 5G 的行业生态（电力行业）

|10.2　5G 的套餐资费模式|

10.2.1　运营商商业模式的发展历程

运营商的商业模式主要可以从用户规模、业务类型两个维度进行分析。运营商的商业模式分析如图 10-2 所示。

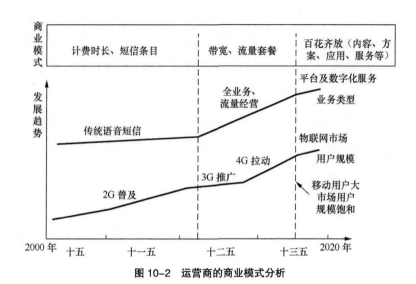

图 10-2　运营商的商业模式分析

1. 用户规模的维度

由图 10-2 中可以看出，用户规模的扩张在过去二十年间经历了 2G 普及、3G 推广、4G 拉动的 3 个阶段。

以国内某大型电信运营商为例，在十五期间，主要发展 2G，并聚焦高价值客户，做优网络覆盖，其年净增客户超过 3500 万户。

在十一五期间，2G 逐步普及到中低价值客户、发展农村客户，开始配套建设郊区农村覆盖，其年净增客户超过 6500 万户。

在十二五期间，依靠 4G 的强势发展，十二五末 4G 年净增用户超过 1 亿户，同时也开展了全业务经营，大量拓展家庭客户数。

在十三五前期，4G 仍保持一定的增长势头，并得益于全业务经营的发展策略，家庭客户数仍保持着一定的增长势头。但在 2017 年以后，4G 用户已经基本饱和，家庭宽带用户的渗透率也遇到一定瓶颈。以广东省为例，2017 年底，4G 用户渗透率已接近 100%，这也意味着广东省基本人手一台 4G 手机。而从家庭宽带用户来看，随着中国移动的迅速崛起，市场占有率已经与电信旗鼓相当，运营商想再迅速增加用户，其难度和代价将非常大。

目前，中国电信为进一步扩大其用户规模，纷纷向物联网市场进军，希望能借助物联网市场实现用户规模的第三次大爆发，使电信业务的持续发展保持充足的动力。根据互联网数据中心（Internet Data Center，IDC）2015 年 11 月报告、Cisco（思科）2013 年报告、Machina Research（物联网 /M2M 领域世界领先的市场情报和战略研究机构）2015 年 6 月报告、McKinsey（麦肯锡）报告等发展战略，2020 年，全球市场物联网终端连接规模将达到 500 亿，中国市场的连接数有望突破 100 亿，未来 5 年，智能交通、智慧城市等领域的物联网连接数将呈现爆发式增长。电信业务用户规模发展如图 10-3 所示。

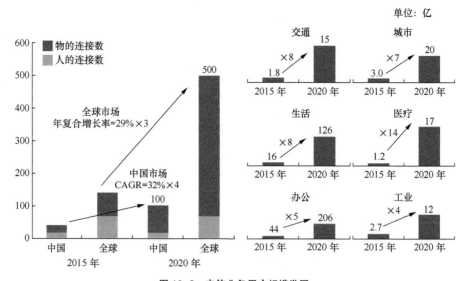

图 10-3　电信业务用户规模发展

2. 业务类型的维度

运营商主要经历了传统语音短信服务、全业务 / 流量经营、平台及服务 3 个阶段。这基本是与用户规模的维度相对应的。在 2013 年前，也是 2G、3G 发展的时代，主要发展传统语音短信服务，各运营商享受着用户规模化增长带来的人口红利。2014 年进入 4G 时代，随着 4G 的渗透率逐步增加，平均每户每月上网流量（Dataflow of Usage，DoU）的迅速拉动，流量经营成为运营商移动通信的主要收入增长点。同时，在宽带中国战略的背景下，光纤到户，家庭宽带也在同期得到了迅速发展。业务类型发展如图 10-4 所示。

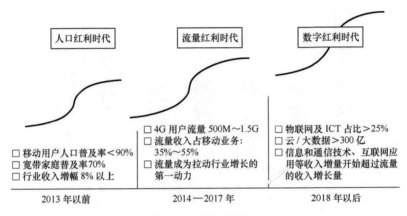

图 10-4　业务类型发展

从美、日、韩等多国电信运营商的收入增幅来看，4G 红利一般只能维持3~4 年，在 4G 推出后的行业业务收入增幅一般在 3~4 年后将迅速回落。美、日、韩三国电信行业收入增幅如图 10-5 所示。

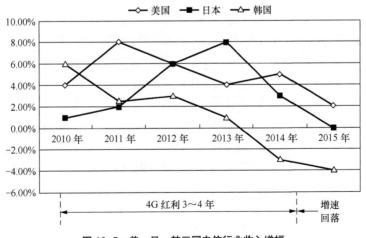

图 10-5　美、日、韩三国电信行业收入增幅

在 2017 年以后，4G 用户已经基本饱和，国内移动用户平均 DOU 已超 800MB。2019 年，广东、江苏、浙江等地区，这个数据已接近 6G。国内运营商已陆续推出不限量资费等套餐模式，4G 的红利已经逐渐在消失。世界上几个大的国家通信用户普及率如图 10-6 所示。

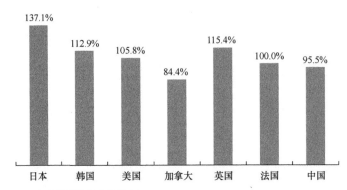

数据来源：GSMA（全球移动通信系统协会）

图 10-6 世界上几个大的国家通信用户普及率

在 4G 红利消失以后，运营商陆续通过发展平台及数字化服务的方式来保持收入增长，其中一个主要的发展方向，便是利用固移融合，深度捆绑家庭宽带用户，同时发展视频内容服务，逐步渗透到智慧家庭等各种数字化服务中。

2015—2016 年，美国两大电信运营商 Verizon、AT&T 分别收购了美国在线、时代华纳等知名媒体，开始了电信＋视频内容的布局。国际运营商动作见表 10-1。

表 10-1 国际运营商动作

运营商	时间	动作
AT&T	2016 年 10 月	以 854 亿美元收购时代华纳：旗下拥有 HBO、CNN、华纳兄弟等众多知名媒体内容品牌的老牌媒体集团
Verizon	2016 年 7 月	Verizon 以 48 亿美元收购雅虎
AT&T	2015 年 7 月	以 485 亿美元收购美国最大的卫星电视服务供应商 DIRECTV（由美国新闻集团（NeWS CORPORATION）下的福克斯娱乐集团辖控），扩充后的 AT&T 超过了美国最大的有线公司 ComCast，成为全美有线行业的新大鳄
Verizon	2015 年 5 月	Verizon 以 44 亿美元收购美国在线，极大地促进了自己的无线视频和 OTT[1] 业务

注：1 OTT（Over The Tep，通过互联网向用户提供各种应用服务）。

2014—2017 年，国内的电信运营商也开始了视频多媒体内容的布局。2014—2015 年，中国移动成立了新媒体公司（咪咕文化科技有限公司），针对移动互联网的视频、音乐、动漫、阅读、游戏五大板块内容进行整合，形成自己特色的内容及生态。2017 年，中国移动正式获得 IPTV 牌照后，开始大力开展 IPTV 的建设，同时配套建设了内容分发网络（Content Delivery Network，CDN），并逐步探索 CDN 内容运营的业务模式。中国电信在传统 IPTV 的业务基础上，在 2017 年进一步开始了自制内容的探索，推出视频直播客服（10000直播）将提供行业首创的群组和专属服务相结合的服务模式，将直播客服和即时通信（Instant Messaging，IM）在线客服打通，实现快速、高效、个性化地为客户解决问题的目标。通过"万千视界"计划不断丰富其服务内容，为客户提供优质服务。国内运营商动作见表 10-2。

表 10-2　国内运营商动作

运营商	时间	动作
中国电信	2017 年 "5·17 电信日"	从客服直播开始探索自制内容通过"万紫千红"计划建立一支高技能、有客户亲和力的主播及运营团队，将视频打造为重要的服务交互方式
江西电信	2017 年 "5·17 电信日"	"电信 + 广电 + 华为 + 百视通"联合打造 IPTV 3.0，极致体验 **快速**：实现零等待、零卡顿、零花屏，直播换台 0.5 秒、视频点播 1 秒、（电子节目指南）页面呈现 1 秒，画面流畅、一触即发 **简单**：支持语音搜索、多 CP 搜索等智能交互 **愉悦**：提供直播画中画
中国移动	2014—2015 年	自己成立新媒体公司（咪咕文化科技有限公司）
中国移动	2016 年 6 月	集团统筹安排，6 省开展 P2P[1]CDN 试点，浙江、江苏等已开展部署，广东目前仍在协调
CMI	2017 年 2 月	CDN 能力开放运营 推出 Livestreaming CDN Product，面向互联网公司、大集团客户（香港移动）提供 CDN 分发能力，提供下载加速、直播加速等功能

注：1　P2P（Peer to Peer，点对点传输方式）。

从国内某运营商的视频服务布局中可以看出，运营商对客户、业务类型进行了更细颗粒度的划分，针对个人、家庭、政企和其他的新业务，分为娱乐视频、个人通信视频、行业视频等多个维度，更精细化地提供了数字化服务产品。三大视频的业务发展整体目标如图 10-7 所示。

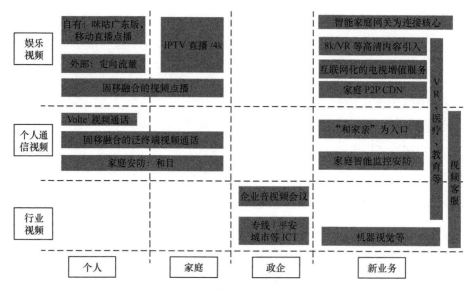

图 10-7　三大视频的业务发展整体目标

1　Volte（Voice over long term evolution，长期演进语言承载）。

　　总之，在 2017 年以后，运营商的用户红利、流量红利已基本消失，市场已进入了更为互联网化、开放的数字化服务运营模式。运营商与互联网公司的边界更为模糊，业务相互融合的程度更高。

10.2.2　典型运营商 5G 商业模式的案例分析

　　进入 5G 时代，按照目前 3GPP 标准的推进计划和各大厂家的产品研发进程，业界普遍认为面向大带宽的 eMBB 是 2019—2021 年运营商的主要任务。接下来举两个比较典型的案例作为参考。

1. 美国 Verizon，第一个 5G 固定宽带

　　2018 年 10 月，Verizon 在美国的休斯敦、印第安纳波利斯、洛杉矶和萨克拉门托的部分地区推出全球首个商用 5G 固定无线宽带服务 Verizon 5G Home。5G Home 服务提供 300 Mbit/s 的下载速率，其峰值速度接近 1Gbit/s。Verizon 移动客户需每月支付 50 美元服务费，非 Verizon 移动客户则需要支付 70 美元。

　　消费者可以在运营商推广早期免费使用 Verizon 5G Home3 个月的优惠，

还可获得 3 个月的免费 YouTube（优兔，一个视频网站）视频会员，免费的 Apple TV 4K（价值 180 美元）或免费的 Google Chrome cast Ultra（价值 70 美元）的设备。有分析师预测，Verizon 将在推广业务的第一年内实现约 10％ 的渗透率或者获得约 100 万的客户。

Verizon 5G Home 是用来代替目前的有线宽带服务。5G Home 的套餐资费是以速率计费，不限流量，这也与现有的有线宽带套餐资费类似。5G 固定无线宽带是切入 5G 市场比较好的方式，而消费者愿意接受更高速率的固定宽带。

2. 美国 AT&T，5G 按带宽速率档位收费，近似有线资费模式

美国电信运营商巨头 AT&T 在 2019 年 4 月发布了其 2019 年第 1 季度的财务报告。在发布会上，AT&T 首席执行官 Randall Stephenson（兰德尔·史蒂芬生）表示，预计 AT&T 的 5G 资费或将要根据网络速率来定价，而不再是"延续"传统上的按照数据流量来定档。

"5G 移动通信的移动数据业务部分，将有望采用与目前有线固定宽带接入网络一样的价格策略"，史蒂芬说。例如，如果有一部分的 5G 移动通信用户愿意为 500 Mbit/s 的下行速率付费，那么 AT&T 就可以设置相应的 5G 套餐。而且"预计在 2~3 年内，就有可能看到上述情景"。

史蒂芬认为 5G 系统的容量非常大，在未来，手机、平板、笔记本等设备，可以直接连接至 5G 基站，5G 时代肯定会迎来"区分不同速率"的 5G 资费套餐。此外，5G 业务可以成为有线固定宽带接入的替代品。客户们的这一需求令人印象深刻。对于运营商们来说，可以简单理解为向普通用户与企业客户提供其所需的 5G 无线路由器作为"最后一公里"的接入方式。

3. 芬兰 Elisa（埃莉萨），第一个 5G 准套餐

芬兰的埃莉萨是第二家宣称"世界上第一个"推出 5G 网络的运营商，卡塔尔的 Ooredoo（卡塔尔电信）早在他之前宣布了"世界上第一个"5G 网络，埃莉萨的不同之处是推出了 5G 准套餐。埃莉萨的 5G 套餐约为 50 欧元，提供无限量数据，600Mbit/s 的下载速率，但没有兼容的终端可用，即其用户目前还是不能使用 5G 网络。芬兰埃莉萨准 5G 套餐资费如图 10-8 所示。芬兰埃莉萨分速率的套餐资费如图 10-9 所示。

Saunalahti Huoleton Ultra（芬兰的 5G 准套餐）

✓订阅月度订阅价格中包含芬兰和欧盟 / 欧洲经济区国家之间的定期通话和消息	✓打开电话的费用为 0.09 欧元 / 分钟，消息为 0.09 欧元 / 个
✓高达 600Mbit/s 4G 移动宽带无门阶（3G 网络速度范围为 0.4Mbit/s～35Mbit/s，4G 网络速率范围为 5Mbit/s～600Mbit/s）	✓5G Ready 当埃莉萨的客户可以访问 5G 网络时，我们将在 5G 自动更新您的订阅，要使用 5G 网络，您需要一台可在 2019 年初进行当前估算的 5G 设备
✓在北欧国家和波罗的海国家（芬兰、瑞典、丹麦、挪威、爱沙尼亚、拉脱维亚和立陶宛）使用不受限制的网络互联网	✓在芬兰境外，芬兰的电话和短信将根据国际价格表单独收取
	✓您可以随时终止订阅协议
✓欧盟 / 欧洲经济区国家的 20GB/mk 包裹包括每月订阅费	✓您可以订阅 5 组奖金

49.90€/ 月

图 10-8　芬兰埃莉萨准 5G 套餐资费

Saunalahti Huoleton Ultra（芬兰的 5G 准套餐）

600 Mbit/s	无限的网络 欧盟 20GB/ 月 奖金	49.90€/ 月 + 开业费 3.90€

Saunalahti Huoleton Premium+

300 Mbit/s	无限的网络 欧盟 15GB/ 月 奖金	31.90€/ 月 有效期为 12 个月 之后为 36.90 欧元 / 月 + 开业费 3.90€

Saunalahti Huoleton Premium

100 Mbit/s	无限的网络 欧盟 10GB/ 月 奖金	27.90€/ 月 有效期为 12 个月 之后为 32.90 欧元 / 月 + 开业费 3.90€

图 10-9　芬兰埃莉萨分速率的套餐资费

　　芬兰埃莉萨套餐的特色是通过细分速率定价，流量实现真正的不限量，区域内没有最高限量，也没有大量降速。用户对网络的感知只有网络速率，而没有背后的网络制式。埃莉萨在推出 5G 套餐时不需要有顾虑，只需在现有的套餐体系上增加更高速率档次即可。

芬兰埃莉萨做到某区域真正的不限量，类似我们省内套餐的不限量，但欧盟还是限定最高用量，类似我们国内套餐的不限量。埃莉萨除了通过速率定价，还通过数据容量来加以定价。

4. 中国联通

在国内运营商中，中国联通在 5G 的商业模式创新上提出了较多的构思，具有鲜明的代表。在 2019 年 4 月 23 日 ~25 日，中国联通在 2019 上海 5G 创新发展峰会暨中国联通全球产业链合作伙伴大会上发布了全新的 5G 品牌——5G^n 让未来生长。同时提出了一个非常前瞻性的"三联合"商业合作范式，即联合应用开发、联合投资、联合运营。

具体到商业模式，联通提出三大类，分别是"智能连接 + 流量类产品""网络集成 + 运营类产品服务""开放平台 + 应用类产品"。

（1）智能连接 + 流量类产品

这一模式最为大家所熟知，类似于国内经常采用的充话费送手机形式。在 5G 早期仍将延续 4G 时代的标准模式，流量基于使用量定价。不过在 5G 时代，流量将进一步细分。例如，可以划分为实时流量和非实时流量，或者可靠流量和非可靠流量。流量的价值有可能根据数据传输的质量、速度和可靠性，进行评估与定价。然而这一商业模式，仍旧没有跳出运营商的惯性思维。

（2）网络集成 + 运营类产品服务

网络切片是一种按需组网的方式，可以让运营商在统一的基础设施上，切出多个虚拟的端到端网络，适配各种类型的业务应用。

利用网络切片构成一种非常诱人的商业场景。面对复杂多样的行业用户，切片为电信运营商提供了一把万能钥匙，可以为用户定制各种特定的专属网络，让网络成为服务（Network as a Service，NaaS）。网络切片主要提供的方式包括运营商托管整合应用、运营能力开放、现有系统集成 3 种。

由于合作伙伴有机会被赋予更深层次的网络运营权，由行业企业驱动的网络建设有可能出现垂直领域用户将较早的参与 5G 的应用场景规划。

这种商业模式是从以前单纯的销售语音 / 流量转变为 5G 时代销售网络切片。

（3）开放平台＋应用类产品

这种商业模式挑战最大，需要联通整个产业链。例如，淘宝、Facebook（脸书）、App Store（应用商店）都可以认为是开放平台。在开放平台上，应用的收费模式正在发生变化。过去软件和应用是以许可证的方式收费，而现在越来越多的应用采用订阅式收费。这些新型软件即服务（Software as a Service，SaaS）应用，通过更好地满足现有需求，或者激发新的需求和场景，体现更多的价值。

在这种模式中，通过模组、终端、平台、应用、服务等各类企业通力合作，针对联网设备和相关数据，基于开放平台开发或提供应用和服务以供用户使用，并在这个过程中完成商业闭环。

虽然这一商业模式充满想象力，但在开放平台模式下，价值创造与价值实现出现了分离。也就是说，创造价值的主体不是必然会获得商业利益。

5. 小结

在几个先行的运营商所提出的理念中，普遍认为，在未来 2~3 年内，5G 的资费模式主要有 3 种：5G 替代有线接入模式、极致无限量类有线宽带模式、网络切片服务运营产品。

（1）5G 替代有线接入模式

5G 替代有线接入模式主要以美国的主流运营商为代表，通过高频 5G 覆盖，面向高价值客户提供固定宽带业务，延续 4G 时代，视频内容服务的捆绑模式。该模式对于全业务布局仍处在初级阶段，有线宽带接入覆盖较弱，或处于"光进铜退"升级期的运营商具有较大意义。但对于前期已巨额投入光纤覆盖的运营商，不利于前期的投资保护，毕竟 5G 无线空口的速率虽然有提升，但与光纤的传输速率还是无法比拟的。

（2）极致无限量类有线宽带模式

极致无限量类有线宽带模式以芬兰为代表，利用 5G 大带宽能力，实现真正的不限流量，没有大量降速。在传统流量包的模式下，增加了速率档次的定价方式，类似于目前我国有线宽带的运营模式。

（3）网络切片服务运营产品模式

网络切片服务运营产品模式以中国为代表正在致力探索，围绕行业专网相关的服务指标及质量，通过网络能力开放给客户一个整体的网络切片服务及运营支撑。该类模式主要面向垂直行业，需要垂直行业客户提前介入 5G 网络的规划建设。目前，该类模式仍处于探索阶段，面对不同的行业将有不同的诉求，并没有相对明确的细化方案。

10.2.3　5G 未来整体商业模式发展趋势

实践证明，在个人用户大市场 4G 高渗透率的条件下，4G 网络基本可以支撑标清、高清的视频业务应用，而由于 5G 产品网络能力的极大提升，结合业界典型的 5G 运营商案例及发展思路，预计 5G 将逐步引入网络服务要素作为计费点，而随着不同的网络要素，运营商的商业模式将有更多的演变，未来将引入更多的面向企业客户（To Bussiness，2B）的环节。

1. 网络服务要素模型及定义

网络服务要素模型包括网络服务内容、网络服务质量、网络服务时限 3 个层面。

（1）网络服务内容

网络服务网容可以包括语音、普通 Web 浏览、视频、音频、文件下载、电子邮件等基础性应用；也包含各类行业特色应用，主要为电力能源、交通、城市、工业控制、可穿戴、智慧家庭等物联网应用。

（2）网络服务质量

网络服务质量是针对上述的服务内容所能保障的带宽速率、网络延迟、抖动、安全隔离、客户响应时间等系列的质量保障。

（3）网络服务时限

网络服务时限可以是按照小时、天、月、年等方式计费。运营的套餐资费需求如图 10-10 所示。

2. 5G 未来商业模式的整体发展趋势

虽然上述 3 个维度可以产生非常多的套餐方式，但从上述先进运营商的经验来看，5G 部署的初期主要以"带宽＋流量"的方式为基础，在个人、家庭用户领域，主要将与"服务内容"相融合，主要聚焦在视频内容、个人可穿戴服务等内容。在行业领域，主要将与"服务质量"相融合，主要聚焦于延迟、安全隔离等关键指标。

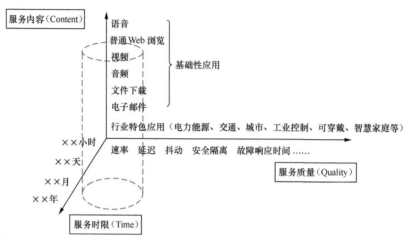

图 10-10　运营的套餐资费需求

（1）个人、家庭用户，聚焦"速率＋服务内容"

单纯以速率计费的模式并不陌生，有线宽带早就采用不同速率实现不同收费的模式。目前，也有极个别国家的运营商推出移动业务纯速率计费的模式。例如，芬兰的埃莉萨与瑞士电信等。

对于大部分国家或地区而言，纯速率的计费模式还需要一段转变过程。运营商的现有套餐与纯速率套餐依然有较大差距，纯速率套餐只能是非常高价的套餐。运营商需要吸引用户迁移，可以在商用初期尝试提供"速率＋流量"的付费方式，不同速率对应不同容量，可以通过大速率、大容量的模式吸引用户迁移。

随着时间推移，AR/VR 等商业模式逐渐成熟，运营商可以加入 5G 专属内容，以"速率＋内容"的方式来实现差异化的资费。这种套餐可能捆绑特定的服务销售，用户只需购买相应的服务即可，不用思考其背后到底是什么套餐。用户购买 VR 设备、智能手表等就可以无限期免流量。当然，在 5G 网络部署的初期，当网络容量未能完全支撑内容高质量服务时，运营商可以通过服务时限的方式，引导用户错峰使用 5G 网络。例如，对于直播类的内容，运营商可以推出在直播时段保障带宽的内容服务等。

（2）行业客户，聚焦"网络切片、服务质量"

行业客户与个人、家庭客户业务特点有明显差异。行业客户更强调与外部网络的安全隔离，实现专用网络，同时其接入终端类型多样，既有个人用户的终端，也有更多的物联网类终端。尤其在物联网领域，其业务模型与个人用户不一样，一般都相对稳定，在涉及控制领域时，对时延的要求较高。5G 网络的整体服务质量是行业客户更为关注的，也是运营商在 5G 时代网络能力开放过程中，与客户更多交互的关注点。而上述的交互将落地到不同的套餐服务中。

由于行业客户的特点不一，本书主要是围绕电力行业来探讨，具体内容见本书的 9.3 节。

3. 运营主体的变化

5G 的需求扩张将来自许多垂直经济部门的大量专业应用，收费模型需要变得更加复杂，因为定价需要与所提供服务的特定特征相匹配，这意味着为某些服务将收取额外的费用或使用不同的收费模式。5G 商业模式的转变如图 10-11 所示。

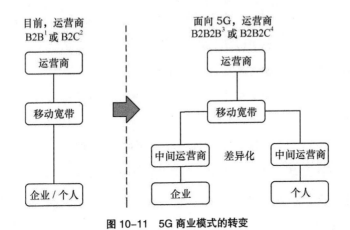

图 10-11　5G 商业模式的转变

1　B2B（Business-to-Business，企业与企业之间通过专用网络或互联网进行数据信息的交换、传递、开展交易活动的商业模式）。

2　B2C（Business-to-Consumer，直接面向消费者销售产品和服务商业零售模式）。

3　B2B2B（Business To Business To Business，企业和企业通过电商企业的衔接进行贸易往来的电子商务模式）。

4　B2B2C（Business to Business to Customer，第 1 个 B 指广义的卖方，即成品、半成品、材料提供商等；第 2 个 B 指交易平台，即提供卖方与买方的联系平台，同时提供优质的附加服务（即指买方））。

新的收费模式将带来更多 B2B2C 的付费方式。运营商能针对各种不同客户需求提供定制网络连接服务，提供极致的个性化服务，这需要引入第三方中介来支撑服务，中介可以是 VR 平台、游戏平台、IoT 平台等。用户可以通过 B2C 方式向运营商购买网络费，再向中间机构购买服务，也可以通过 B2B2C 方式直接向中间机构购买融合服务，而服务将捆绑网络。

|10.3　5G 智能电网的商业模式探讨|

本节将聚焦智能电网领域，深入探讨 5G 未来在电力行业可能使用的商业模式。需要说明的是，由于目前 5G 的标准还没有最终确定，整个产业尚未成熟，以下分析仅供读者参考，后续随着产业的发展升级，商业模式将有所改变。5G 在电力行业的商业模式主要可以分为沿用现有流量计费、电力切片服务整体打包及特殊专项三大类。其中，前两大类主要针对电力规模化覆盖应用、长期稳定运行的业务，而第三类主要针对特殊场景下的专项解决方案应用。

1. 基本模式一——沿用现有的流量计费模式

此模式适用在并不涉及电力生产控制，且在目前运营商无线公网上可以解决的业务场景。例如，配网自动化（一遥、二遥）、计量自动化、电能计量、配变检测、充电桩以及温湿度传感等物联网中低速采集类业务场景。该类业务当前采集的频次较低，带宽流速在 100kbit/s 以内，DOU 一般在 MB 级别。目前，该类业务运营商主要提供了 2G、4G、NB 等方式，且已成熟稳定运行，运营商不需要做过多的网络改造，预计在 5G 正式商用的 2~3 年内，在 5G 产业成本没有降低的情况下，从电网企业节省成本，将沿用成熟的"卡—流量"模式。

2. 基本模式二——按照电力切片服务整体打包，销售切片服务

该模式主要针对涉及电力生产控制，有严格的安全隔离要求，且现有的无线公网难以解决的场景，主要为配网差动保护、配网自动化三遥、配网 PMU、用电负荷需求侧响应（精准负控）、高级计量等。为满足上述业务的有效承载，运营商需要对 5G 网络基站覆盖、传输布局、核心网资源进行端到端的持续优化，具体体现为各种网络服务要素，且该类业务的 DOU 已不再是网络需要考虑的主要矛盾。在这种情况下，预计运营商将提供切片服务整体打包的方式作为计费方式。

★从安全的角度，需要运营商根据业务的分布完成网络端到端整体资源的编排及优化工作。

★配网差动保护、配网自动化三遥、配网 PMU、用电负荷需求侧响应（精准负控）业务涉及电力生产控制，属于生产控制 I 区，与外部网络以及电力内部管理信息大区均需要做到物理隔离，且该类业务分布较广，需要运营商针对业务的分布，从基站、传输网、核心网整体端到端编排资源，这将会极大地增加网络服务的优化配置工作。

★从网络整体质量上看，该类业务对网络服务质量的综合能力提出需求，并由于业务长期稳定运行的原因，需要对网络综合能力持续优化调整。

除对带宽的基本要求之外，差动保护、配网 PMU、用电负荷需求侧响应都对网络时延提出了较高的要求，甚至对高精度的网络授时、确定性时延迟要求（要求时延抖动保持在一定的范围内）。上述的需求均需要运营商持续对网络进行优化调整才可以满足。

★从网络承载能力的角度，该类业务有类视频的特征，稳定持续发送数据，DOU 已经超出现有 4G 的量级，而 5G 的网络能力将不再需要通过 DOU 的资费来控制业务对网络容量的冲击。

（1）典型业务 1——配网差动保护

配网差动保护业务的采集频次为 1200Hz，每隔 0.83ms 发送一次数据，实验室测试业务流速为 2.8Mbit/s 左右，则单个差动保护业务的 DOU 为 886GB。

（2）典型业务 2——配网 PMU

配网 PMU 相关业务属于实时数据采集过程。其中，每个数据量应用层数据包大小约为 4B。另外，附带时标信息数据若干，则应用层总数据大小约为 130 字节（Byte），实时业务采集的应用层速率约为 107 kbit/s，则单个 PMU 业务的 DOU 为 33GB。

（3）典型业务 3——高级计量

若普通客户的用电信息采集频次（1 次 / 天）达到目前大客户专线的采集频

次（1次/15分钟），则集中器的平均流速将从目前的 10kbit/s 级提升至 2Mbit/s 级，DOU 将达到 600GB 级以上，若后续整体提升至分钟级，则其 DOU 将到达 TB 级及以上。

针对此类模式，运营商一般以不同级别的网络切片服务向电网提供资费套餐，该套餐将包含该类切片对应的一批 5G 卡，对应的无线、传输、核心网端到端切片资源，以及网络切片所对应的带宽、时延、安全隔离、网络授时、抖动、通道可用性、SLA 保障等服务内容。同时，运营商需通过网络能力开放，把网络资源、相关状态准实时地反馈给电网企业，作为网络服务的内容之一。

需要指出的是，对于电力行业，其内部有较强的通信管理诉求和管理能力，因此网络资源及状态的反馈将作为切片服务的内容之一，但对于其他中小型企业，因为他们自身并没有足够的通信管理能力，网络资源及状态监测可作为运营商的一项增值服务为中小型企业提供托管服务。

3. 基本模式三——特殊专项服务，5G+ 平台 / 应用的方式，提供整体解决方案

此模式并不是在全网规模化部署，只在特殊场景下，在一定的时间内使用的业务。例如，重大安防保障、变电站综合业务接入、应急通信、无人机巡检、机器人巡检等。由于该类场景一般不会有全网规模覆盖、长期稳定运行的需求，运营商将提供专项服务。此类专项服务往往不仅包含 5G 网络的管道能力，还需要包含各种资源的增值服务。例如，提供特定频谱资源、移动边缘计算（MEC）以及运营商所能提供的增值应用等。运营商将作为 5G 的专项服务产品，提供标准化、定制化两种解决方案。对于标准化方案，可以按使用次数的方式进行服务付费，对于定制化方案，可以采用一事一议的方式，根据方案所使用到的网络要素及功能要求进行产品总体集成。

（1）典型业务 1——重大安防保障

在该情况下，由于涉及国家安全与社会稳定，要求在一定的时间范围内，5G 提供专用频谱给电力使用，但此场景出现的概率较低。

（2）典型业务 2——应急通信

此业务一般只在应急抢修的场景中使用。运营商需要把 MEC 部署在电力的应急通信车中，实现用户面的本地卸载，实现应急现场的多路高清视频回传、高清语音集群通信，并利用 MEC 进行一定的视频、图片非结构化处理和压缩，以支持卫星回传。在较大的灾害现场，甚至还需利用 5G 无线中继的方式，自组网扩大覆盖范围。

（3）典型业务 3——无人机巡检

运营商可以利用 5G+MEC 的方式提供网联无人机的整体解决方案。例如，利用 5G 解决无人机飞控信息传递，实现远程无人机遥控目的。通过 5G 网联的方式，进一步扩大无人机巡线范围；通过 5G 实现高清视频实时回传、高清图片的数据回传；同时利用 MEC 为电网提供视频图像压缩、结构化处理、智能标签及快速检索等基础能力，甚至可以提供树障、鸟障、输电线路垂弧、线损、雷击等基于视频、图像分析的上层应用。

第 11 章
总结与展望

4G 改变生活，5G 改变社会！作为新一轮移动通信技术发展方向，5G 在设计之初便面向更广泛的垂直领域，把人与人的连接拓展到万物互联。在电力能源领域，尤其是在智能配电网领域提供了一种更优的无线解决方案，此方案能更好地支撑智能电网的发展需求，将在泛在接入、安全可靠、可管可控等方面助力智能电网的典型业务应用，为落实十九大精神，推动能源由粗放型管理向精细化转变，实现清洁能源替代和电能替代的核心战略落地提供有力支撑。

|11.1　5G 在智能电网中的应用总结与展望|

对于电力企业，可利用 5G 网络为电力业务提供差异化、安全可靠的行业专网服务和网络自身的开放能力，实现智能电网低成本、快速便捷、安全可靠的无线通信接入承载及自主可控的网络管理能力。

对于电信运营商，智能电网应用是 5G 解决方案的典型，通过深入研究电力业务通信需求，提供 5G 智能电网行业解决方案，可逐步完善自身 5G 网络的建设规划，并为其他行业的推广提供经验。

当前，5G 智能电网应用处于起步阶段，产业尚不够成熟，后续电力企业应与电信运营商、通信设备厂商共同引领电力通信领域技术的标准化，推动电力通信终端模组通用化，做好通信业务管理支撑平台，实现差异化的电力网络切片服务，提升对通信业务的可管可控能力，支撑智能电网的可持续发展。

站在泛在电力物联网的角度，我们认为 5G 将是电力物联网接入的手段之一，多种物联网技术手段将长期并存，而重点将解决中高速的物联网连接场景。对于电力传统的控制、测量业务，尤其在变电站范围内，有线接入已经完备的情况下，传统的有线及无线局域网方式将是主流。在配电网领域，有线无法到达，相信 5G 将是备受青睐的技术手段。而且在国家大基础设施的战略部署下，5G、电力能源、智慧城市等公共基础设施将加速共享与互联，从某种程

度上看，未来将降低电力行业使用 5G 的成本。

　　站在移动通信自身演进的角度，5G 已来，6G 还远吗？在 5G 起步的阶段，人们已在畅想 6G 的情景。目前，业界主要有两种声音：一是 6G 将实现"空天地一体"，即"上天、下地、入海"，这种声音的主要观点是结合卫星通信、海洋通信等技术演进，把移动通信的范畴从地面延展到更广的空间；二是 6G=5G+AI，这种声音是指更多地利用 AI 技术解决网络智能、服务智能，从而为用户带来更好的体验。

　　然而，我们的观点是未来不管 6G、7G，技术应该逐步回归需求。4G 是移动通信发展的分水岭，4G 之前主要是需求驱动。4G 及 4G 之前，需求是明确的，主要矛盾在移动通信技术无法完全满足人们日益增长的移动宽带通信的需求。但在 4G 普及之后，逐步转变为技术驱动，主要矛盾为移动通信技术的能力快速增强已超出人们普遍的诉求，技术发展与行业应用倒挂。事物总是在螺旋式地发展，或许我们应该从 5G 开始，反思技术与需求倒挂的问题，把更多的精力放在如何挖掘人、物的需求上，而不是一味地强调技术的快速迭代发展。就好比一个饱餐的人，即便面对一桌宫廷盛宴，也只能苦笑置之。

　　未来，我们团队将一如既往地致力于技术与需求应用的结合，推动需求创新，从而为行业乃至社会创造更大的价值。

缩略语表

3GPP	Third Generation Partnership Project	第三代合作伙伴计划
5G	Fifth-Generation	第五代移动通信技术
5G NR	5G New Radio	5G新空口技术
5GC	5G Core Network	5G核心网
5G PPP	5G Public-Private Partnership	5G公私合作伙伴关系
AAU	Active Antenna Unit	有源天线单元
ABPL	Access Broadband Power Line	接入电力线宽带
AC	Alternating Current	交流电
ACE	Area Control Error	区域控制误差
ADO	Advanced Distribution Operations	高级配电运行
ADR	Automated Demand Response	自动需求响应
AES	Advanced Encryption Standard	高级加密标准
AF	Application Function	应用功能
AG	Auxiliary Generator	辅助发电机
AGC	Automatic Generation Control	自动发电控制
AH	Ampere Hour	安时

AI	Artificial Intelligence	人工智能
AKA	Authentication and Key Agreement	认证与密钥协商协议
AMF	Access and Mobility Management Function	接入及移动性管理功能
AMI	Advanced Metering Infrastructure	高级量测体系
AMR	Automated Meter Reading	自动抄表
AN	Access Network	接入网
AP	Active Power	有功功率
API	Application Programming Interface	应用程序编程接口
APN	Access Point Name	接入点
AR	Augmented Reality	增强现实技术
AREM	Alliance for Retail Energy Markets	电力零售市场联盟
ARIB	Association of Radio Industries and Business	日本无线工业及商贸联合会
ATIS	Alliance for Telecommunications Industry Solutions	世界无线通信解决方案联盟
ATO	Advanced Transmission Operations	高级输电运行
AUSF	Authentication Server Function	认证服务器功能
BBU	Building Base band Unit	基带处理单元
BC	Baseload Capacity	基荷容量
BEV	Battery Electric Vehicle	电池电动车
BG	Backup Generator	备用发电机组
BP	Baseload Plant	基荷电厂
BPL	Broadband over Power Line	电力线宽带
BSS	Business Support System	业务支撑系统
BUGS	Backup Generation Sources	应急备用电源
C&I	Commercial and Industrial	商业和工业用户
CA	Control Area	控制区
CAGR	Compound Annual Growth Rate	年复合增长率

CBM	Condition Based Maintenance	状态检修
CDES	Continuous Delivery Energy Sources	不间断输送能源
CDMA	Code Division Multiple Access	码分多址
CE	Conversion Efficiency	转换效率
CERTS	Consortium for Electric Reliability Technology Solutions	电力可靠性技术解决方案联盟
CET	Clean Energy Technology	清洁能源技术
CHP	Combined Hydroelectric Plant	联合水力发电厂
CN	Core Network	核心网
COSEM	Companion Specification for Energy Metering	电能计量配套规范
CPE	Customer Premise Equipment	客户终端设备
CPP	Critical Peak Pricing	关键峰荷电价
CPU	Central Processing Unit	中央处理器
CPV	Concentrated Photo Voltaic	聚焦光伏
CR	Contingency Reserve	应急储备
CREZ	Competitive Renewable Energy Zone	有竞争力的可再生能源区域
CRS	Cell Reference Signal	小区参考信号
CS	Cost of Service	服务成本计价
CSI-RS	Channel State Information Resource Set	信道状态信息资源集合
CSMF	Communication Service Management Function	通信服务管理功能
CSP	Concentrating Solar Power	聚焦型太阳能发电
CU	Centralized Unit	集中单元
CUPS	Control and User Plane Separation	控制与用户面分离
CVR	Conservation Voltage Reduction	保护性降压
DA	Distribution Automation	配电自动化
DAS	Distribution Automation System	分布式自动化系统
DC	Direct Current	直流

DDoS	Distributed Denial of Service	分布式拒绝服务
DDR	Dispatchable Demand Response	可调度需求响应
DE	Decentralized Energy	分散式能源
DER	Distributed Energy Resources	分布式能源
DESS	Distributed Energy Storage System	分布式能源存储系统
DG	Distributed Generation	分布式发电
DLC	Direct Load Control	直接负荷控制
DMRS	Demodulation Reference Signal	解调参考信号
DN	Data Network	数据网络
DN	Distribution Network	配电网络
DoS	Denial of Service	拒绝服务
DPEU	Direct Process End Use	直接生产用电
DR	Demand Response	需求响应
DRPC	Dynamic Real Power Compensation	动态实时功率补偿
DRS	Demand Response System	需求响应系统
DS	Dynamic Stability	动态稳定
DSL	Digital Subscriber Line	数字用户线路
DSMC	Demand Side Management Costs	需求侧管理成本
DTU	Distribution Terminal Unit	配电终端单元
DU	Distribution Unit	分布单元
E2E	End to End	终端到终端
EAP	Extensible Authentication Protocol	可扩展认证协议
EC	Energy Charge	电量电费
eCPRI	Electric Generation Industry	发电行业
EGI	Enhanced Common Public Radio Interface	增强型通用公共无线接口
EM	Electric Meter	电表
eMBB	Enhanced Mobile Broadband	增强型移动宽带
EMCS	Energy Management and Control System	能源管理与控制系统

EMF	Electromagnetic Fields	电磁场
EMS	Energy Management System	能源管理系统
eMTC	Enhanced Machine Type of Communication	增强型机器类通信
EOE	Electric Operation Expenses	电力运营费用
EP	Electric or Electrical Power	电功率
EPC	Evolved Packet Core	分组核心演进
ePDG	Evolevd Packet Data Gateway	演进型分组数据网关
EPG	Electric Power Grid	电网
EPP	Electric Power Plant	电厂
EPS	Electric Power System	电力系统
ER	Electric Rate	电价
ERO	Electricity Reliability Organization	电力可靠性组织
ERS	Electric Rate Schedule	电价表
ES	Energy Sustainability	能源可持续性
ESC	Electricity Supply Chain	电力供应链
eSIM	Embedded Subscriber Identity Module	嵌入式用户识别卡
ESL	Electric System Loss	电力系统损失
ESMS	Electrical Storage Management System	电储能管理系统
ESR	Electric System Reliability	电力系统可靠性
ETS	Electrical Transmission System	输电系统
ETSI	European Telecommunications Standards Institute	欧洲电信标准化协会
EU	Electric Utility	供电公司
EV	Electric Vehicle	电动汽车
EVSE	Electric Vehicle Supply Equipment	电动汽车供电设备
FA	Feeder Automation	馈线自动化
FACTS	Flexible AC Transmission Systems	柔性交流输电系统
FAST	Feeder Automatic System Technologies	馈线自动化系统技术
FDD	Frequency Division Duplexing	频分双工

FDD-LTE	Frequency Division Duplexing Long Term Evolution	频分双工长期演进
FDIR	Fault Detection Isolation and Repair	故障检测、隔离和修复
FlexE	Flexible Ethernet	灵活以太网
FP	Firm Power	可靠电力
FTU	Feeder Terminal Unit	馈线开关监控终端
GS	Generation Station	发电站
GSM	Global System For Mobile Communications	全球移动通信系统
GU	Generating Unit	发电机组
HSGW	High Rate Packet Data Serving Gateway	高速分组数据服务网关
HSS	Home Subscriber Server	归属签约用户服务器
HVDC	High Voltage Direct Current	高压直流输电
ICAP	Installed Capacity	装机容量
IDS	Intrusion Detection Systems	入侵检测系统
IE	Interchange Energy	电能量交换
IEEE	Institute of Electrical and Electronics Engineers	美国电气与电子工程师学会
IETF	The Internet Engineering Task Force	国际互联网工程任务组
IFAS	Intelligent Feeder Automation System	智能馈线自动化系统
IL	Interruptible Load	可中断负荷
IM	Interval Metering	分时计量
IMSI	International Mobile Subscriber Identification Number	国际移动用户识别码
IN	Interconnected Network	互连电力网络
INAs	Intelligent Network Agents	智能网络代理
IoT	Internet of Things	物联网
IP	Internet Protocol Address	互联网协议地址
IPS	Intrusion Prevention System	入侵防御系统
IPSec	Internet Protocol Security	加密网络协议
ITU	International Telecommunication Union	国际电信联盟

LADN	Local Area Data Network	本地数据网络
LC	Load Curve	负荷曲线
LDPC	Low Density Parity Check Code	低密度奇偶校验码
LiDAR	Light Detection And Ranging	激光探测与测量
LL	Load Leveling	负荷均衡
MANO	Management and Orchestration	管理和编排
MDT	Minimization of Drive-Tests	最小化路测技术
MEC	Mobile Edge Computing	移动边缘计算
MIMO	Multiple-Input Multiple-Output	多入多出技术
MME	Mobility Management Entity	移动管理实体
mMTC	Massive Machine Type Communication	海量物联网通信
MP	Monthly Peak	月平均峰值
MPLS	Multi-Protocol Label Switching	多协议标签交换
NB-IoT	Narrow Band Internet of Things	窄带物联网
NEF	Network Exposure Function	能力开放功能
NF	Network Function	网络功能
NFV	Network Function Virtualization	网络功能虚拟化
NFVI	Network Functions Virtualization Infrastructure	网络功能虚拟化基础设施
NG	National Grid	国家电网
NGC	Next Generation Core	下一代核心
NGMN	Next Generation Mobile Networks	下一代移动通信网
NRF	Network Repository Function	网络储存功能
NS	Network Slice	网络切片
NSA	Non-Stand Alone	非独立组网
NSMF	Network Slice Management Function	网络切片管理功能
NSSF	Network Slice Selection Function	网络切片选择功能
NSSMF	Network Slice Subnet Management Function	网络切片子网管理功能

PC	Peaking Capacity	调峰能力
PCF	Policy Control Function	策略控制功能
PD	Peak Demand	峰值需求
PDCP	Packet Data Convergence Protocol	分组数据汇聚协议
PE	Power Electronics	电力电子技术
PG	Pseudo Generation	虚拟发电
PLC	Power Line Carrier	电力线载波
PLMN	Public Land Mobile Network	公共陆地移动网络
PMIC	Power Management Integrated Circuit	电源管理集成电路
PMU	Phasor Measurement Unit	同步相量测量单元
PON	Passive Optical Network	无源光纤网络
PQM	Power Quality Monitoring	电能质量监测
PSK	Pre-Shared Key	预共享密钥
PT	Power Tower	发电塔
PTN	Packet Transport Network	分组传送网
PV	Phase Voltage	相电压
QoS	Quality-of-Service	业务质量
QUIC	Quick UDP Internet Connection	快速UDP互联网连接
RAN	Radio Access Network	无线接入网
RDSI	Renewable and Distributed Systems Integration	可再生和分布式系统集成
RE	Regional Entity	区域实体
RG	Regional Grid	区域电网
RP	Reactive Power	无功功率
RPC	Reactive Power Compensation	无功补偿
RRC	Radio Resource Control	无线资源控制
RRU	Radio Remote Unit	射频拉远单元
RTU	Remote Terminal Unit	远程终端单元
SA	Substation Automation	变电站自动化

SA	Stand Alone	独立组网
SBA	Service Based Architecture	服务化构架
SC	Smart Charging	智能充电
SCADA	Supervisory Control And Data Acquisition	数据采集与监视控制系统
SDAP	Service Data Adapt Protocol	业务数据适配协议
SDL	Supplementary Down Link	辅助下行
SDN	Software Defined Network	软件定义网络
SE	Slicing Ethernet	切片以太网
SED	Smart Energy Device	智能能源设备
SG	Smart Grid	智能电网
SGA	Smart Grid Architecture Committee	智能电网架构
SHG	Self Healing Grid	自愈电网
SI	Smart Inverter	智能逆变器
SIM	Subscriber Identification Module	用户身份识别卡
SM	Smart Meter	智能电表
SMF	Session Management Function	会话管理功能
SP	Summer Peak	夏季峰荷
SPN	Slicing Packet Network	切片分组网
SPV	Solar Photo Voltaic	太阳能光伏电池
SR-BE	Segment Routing- Best Effort	分段路由最优标签转发路径
SRS	Sounding Reference Signal	信道探测参考信号
SR-TE	Segment Routing-Traffic Engineering	分段路由流量工程
SR-TP	Segment Routing Transport Profile	分段路由传送应用
ST	Smart Transformer	智能变压器
STATCOM	Static Synchronous Compensator	静止同步补偿器
SUL	Supplementary Up Link	辅助上行

TCO	Total Cost of Ownership	总拥有成本
TCP	Transmission Control Protocol	传输控制协议
TDD	Time Division Duplexing	时分双工
TD-LTE	Time Division Long Term Evolution	时分长期演进
TDM	Time Division Multiplexing	时分复用
TD-SCDMA	Time Division - Synchronous Code Division Multiple Access	时分-同步码分多址
TLS	Transport Layer Security	安全传输层协议
TMSI	Temporary Mobile Subscriber Identity	临时移动用户识别码
TN	Transmission Network	传输网
TS	Transient Stability	暂态稳定性
TSDSI	Telecommunications Standards Development Society India	印度电信标准开发协会
TTA	Telecommunications Technology Committee	韩国电信技术委员会
TTC	Telecommunications Technology Association	日本电信技术协会
TTU	Transformer Terminal Unit	配变监测终端
UDM	Unified Data Management	统一数据管理
UDP	User Datagram Protocol	用户数据报协议
UDR	Unified Data Repository	统一数据存储库
UE	User Equipment	用户设备
UPC	Ultra Packet Core	超级分组核心网
UPF	User Plane Function	用户面功能
UPS	Uninterruptible Power Supply	不间断电源
URLLC	Ultra Reliable and Low Latency Communication	超可靠低时延通信
USIM	Universal Subscriber Identity Module	全球用户识别卡
V2G	Vehicle to Grid	车辆到电网
V2V	Vehicle to Vehicle	机动车辆间基于无线的数据传输技术

VCN	Virtualized Core Network	全虚拟化核心网
VIM	Virtualized Infrastructure Manager	虚拟化基础设施管理器
VLAN	Virtual Local Area Network	虚拟局域网
VNFM	Virtualized Network Function Manager	虚拟化网络功能管理器
VO	Voltage Optimization	电压优化
VoLTE	Voice over Long-Term Evolution	长期演进语音演进
VP	Virtual Plant	虚拟电厂
VR	Virtual Reality	虚拟现实
VS	Voltage Stability	电压稳定性
WAMS	Wide Area Measurement System	广域监测系统
WAP	Wireless Application Protocol	无线应用协议
WCDMA	Wideband Code Division Multiple Access	宽带码分多址
Wi-Fi	Wireless-Fidelity	无线保真
WTTx	Wireless To The x	固定无线接入

参考文献

[1] 中国南方电网，中国移动，华为. 5G助力智能电网应用白皮书[R]. 2018，06.

[2] 王亚峰. 5G发展趋势与关键技术[Z]. 北京邮电大学：泛网无线通信教育部重点实验室，2019.

[3] IMT-2020（5G）推进组. 5G承载需求白皮书[R]. 2018，06.

[4] IMT-2020（5G）推进组. 5G无线技术构架白皮书[R]. 2015，05.

[5] IMT-2020（5G）推进组. 5G网络安全需求与架构白皮书[R]. 2017，06.

[6] IMT-2020（5G）推进组. 5G核心网云化部署需求与关键技术白皮书[R]. 2018，06.

[7] 金瑞明. 物联网形势下的5G通信技术应用[J]. 通信世界，2019，26 03：10-11.

[8] 尤肖虎，潘志文，高西奇，曹淑敏，邬贺铨. 5G移动通信发展趋势与若干关键技术[J]. 中国科学：信息科学，2014，05：551-563.

[9] 曹越. 移动通信网络中5G技术的探究[J]. 无线互联科技，2014，09：52.

[10] 夏威，刘冰华. 5G概述及关键技术简介[J]. 电脑与电信，2014，08：51-55.

[11] 熊必成. 5G网络通信技术应用的前瞻性思考[J]. 信息通信，2014，11：230.

[12] 月球，王晓周，杨小乐. 5G网络新技术及核心网架构探讨[J]. 现代电信科

技，2014，12：27-31.

[13] 肖清华. 蓄势待发、万物互连的5G技术[J]. 移动通信，2015，01：33-36.

[14] 李晖，付玉龙. 5G网络安全问题分析与展望[J]. 无线电通信技术，2015，04：1-7.

[15] 李章明. 5G移动通信技术及发展趋势的分析与探讨[J]. 广东通信技术，2015，04：44-46.

[16] 肖亚楠，滕颖蕾，宋梅. 从4G通信技术发展看5G[J]. 互联网天地，2014，10.

[17] 黄海峰. 行业领袖共议5G定义 华为投入6亿美元促产业发展[J]. 通信世界，2014，31.

[18] 雷秋燕，张治中，程方，胡昊南. 基于C-RAN的5G无线接入网架构[J]. 电信科学，2015，01.

[19] 国健男. 基于用户体验的5G网络研究[J]. 电子技术与软件工程，2015，01.

[20] 马珺，马林，俞凯，郑敏. 大规模阵列天线方向图成形预编码性能仿真[J]. 电视技术，2015，01.

[21] 高宇琦. 无线网络技术在偏远地区的应用[J]. 电子技术与软件工程，2015，03.

[22] 张同须. 移动通信网络发展及其网络规划设计应对思考[J]. 电信工程技术与标化，2015，03.

[23] 周代卫，王正也，周宇，孙向前. 5G终端业务发展趋势及技术挑战[J]. 电信网技术，2015，03.

[24] 刘宁，袁宏伟. 5G大规模天线系统研究现状及发展趋势[J]. 电子科技，2015，04.

[25] 杨峰义，张建敏，谢伟良，王敏，王海宁. 5G蜂窝网络架构分析[J]. 电信科学，2015，05.

[26] 冯宇. 5G概述及R&S测试解决方案[J]. 电信网技术，2015，04.

[27] 高西奇，尤肖虎，江彬，潘志文. 面向后三代移动通信的MIMO-GMC无线

传输技术[J]. 电子学报, 2004, S1.

[28] 刘露, 陈清金, 张云勇. 对SDN技术的研究与思考[J]. 互联网天地, 2013, 03.

[29] 金瑞明. 物联网形势下的5G通信技术应用[J]. 通信世界, 2019, 26 03: 10-11.

[30] 崔中海. 5G移动通信技术及发展趋势的探究[J]. 数字通信世界, 2017, 04.

[31] 姚广. 5G移动通信发展趋势与若干关键技术分析[J]. 信息系统工程, 2017, 02.

[32] 施健炬. 5G移动通信发展趋势与若干关键技术分析[J]. 中国新技术新产品. 2016, 14.

[33] 王实. 5G移动通信发展趋势与若干关键技术[J]. 信息通信. 2015, 12.

[34] 余莉, 张治中, 程方, 胡昊南. 第五代移动通信网络体系架构及其关键技术[J]. 重庆邮电大学学报（自然科学版）, 2014, 04.

[35] 李平, 何海浪. 浅析5G移动通信网络基于能效的资源管理[J]. 科技风, 2019, 05.

[36] 曾庆博. 5G时代重点机房的建设方案研究[J]. 数字通信世界, 2019, 02.

[37] 高大远. 探究5G移动通信技术下传输未来发展趋势[J]. 中国新通信, 2018, 24.

[38] 刘理, 刘春阳, 张春旺, 宋化军. 5G通信技术推动物联网产业链发展[J]. 数字通信世界, 2018, 12.

[39] 黄秋钦, 张昊, 谈佩. 5G系统关键技术及其射频性能测试分析[J]. 信息通信技术与政策, 2018, 11.

[40] 马少杰. 基于5G网络的物联网通信技术及挑战[J]. 现代信息科技. 2018, 09.

[41] 马文波, 薛向华. 下一代移动通信发展趋势与若干关键技术[J]. 中国新通信, 2018, 17.

[42] 张志飞. 5G移动通信网络关键技术分析[J]. 数码世界, 2018, 09.

[43] 陈松，徐龙华，周群峰．物联网形势下的5G通信技术应用探究[J]．中国战略新兴产业，2018，36．

[44] 李宇，王晓杰．物联网形势下的5G通信技术应用[J]．数字通信世界，2018，08．

[45] 章灵芝．5G无线通信技术概念分析及其应用[J]．计算机产品与流通，2017，12．

[46] 赖国胜，陈博文，郑幸福．5G移动通信技术的现状及发展[J]．电子制作，2017，23．

[47] 李菊芳，张英争．5G移动通信发展趋势与若干关键技术[J]．信息通信，2017，10．

[48] 曾生根．5G移动通信网络关键技术分析[J]．信息与电脑（理论版），2017，19．

[49] 曾庆博．5G移动通信网络关键技术研究[J]．中国新通信，2017，19．

[50] 樊衍涛，陈兴旺，李屹．物联网形势下的5G通信技术应用[J]．数字通信世界，2017，10．

[51] 许碧洲，路遥，高立剑．关于5G移动网络新技术及核心网架构的几点思考[J]．中国新通信，2017，18．

[52] 马力君，李世成．浅析5G通信发展趋势与若干关键技术[J]．中国新通信，2017，18．

[53] 胡崇崇．5G关键技术的特征和面临的挑战[J]．电子技术与软件工程，2017，10．

[54] 冯建元，冯志勇，张奇勋．5G新需求下无线网络重构的若干思考[J]．中兴通讯技术，2017，02．

[55] 冯志勇，冯泽冰，张奇勋．无线网络虚拟化架构与关键技术[J]．中兴通讯技术，2014，03．

[56] 夏卓群，赵磊，王静，李文欢．一种基于虚拟环架构的电力用户隐私保护方法研究[J]．信息网络安全，2018，02．

[57] 夏旭，朱雪田，邢燕霞，梅承力．网络切片让5G多场景应用成为可能[J]．

通信世界，2017, 27.

[58] 张平，陶运铮，张治. 5G若干关键技术评述[J]. 通信学报，2016, 07.

[59] 袁志锋，郁光辉，李卫敏. 面向5G的MUSA多用户共享接入[J]. 电信网技术，2015, 05.

[60] 康绍莉，戴晓明，任斌. 面向5G的PDMA图样分割多址接入技术[J]. 电信网技术，2015, 05.

[61] 郭克强. 5G使能智能电网 运营商大有可为[J]. 通信企业管理，2018, 10: 36-39.

[62] 姚俊良，刘庆，张琰，姚文雷. 基于射线跟踪的大规模MIMO信道建模[J]. 计算机系统应用，2019, 03.

[63] 王利红. 一种高隔离度双频MIMO天线[J]. 现代电子技术，2019, 05.

[64] 王毅，郭慧，邸金红，冀保峰，李春国，杨绿溪. 时变信道下多小区多用户分布式大规模MIMO系统上行可达速率分析[J]. 信号处理，2019, 02.

[65] 徐文娟，贾向东，杨小蓉，纪珊珊. 多层异构网络第m阶用户级联方案[J]. 信号处理，2019, 02.

[66] 王常衡，罗钦，卢曼，任广鹏. 无线传输技术在5G中的应用[J]. 科技经济导刊，2019, 06.

[67] 王晓雷，陈云杰，王琛，牛犇. 基于Q-learning的虚拟网络功能调度方法[J]. 计算机工程，2019, 02.

[68] 贾博文. 5G在电子信息等多种技术中的发展[J]. 中国新通信，2019, 03.

[69] 李梁，张应辉，邓恺鑫，张甜甜. 5G智能电网中具有隐私保护的电力注入系统[J]. 信息网络安全，2018, 12: 87-92.

[70] 史琳. 美国启动智能电网建设 电信企业迎来行业应用新机遇[J]. 世界电信，2010, Z1.

[71] 智能电网新号角[J]. 国家电网，2014, 09.

[72] 张云. 智能电网的未来样板[J]. 国家电网，2014, 09.

[73] 何迪. 智能电网对智慧城市的支撑作用初探[J]. 计算机产品与流通，2017, 08.

[74] 马兴明. 我国智能电网与信息化[J]. 中国信息化, 2018, 02.

[75] 赵瑜亮. 云技术开启智能电网无限可能[J]. 电气时代, 2018, 04.

[76] 童友霞. 基于云计算智能电网的能源监控管理分析及发展研究[J]. 中国集体经济, 2018, 20.

[77] 邢和军. 面向智能电网应用的电力大数据关键技术研究[J]. 中国战略新兴产业, 2017, 48.

[78] 打造互联网+时代的智能电网专家[J]. 自动化应用, 2015, 08.

[79] 刘家男, 翁健. 智能电网安全研究综述[J]. 信息网络安全, 2016, 05.

[80] 乔林, 刘颖, 刘为. 智能电网中应用电力大数据初探[J]. 电子世界, 2019, 04.

[81] 刘杰. 智能电网中的电力大数据应用[J]. 电子技术与软件工程, 2018, 23.

[82] 李嘉宁. 智能电网领域大数据的应用[J]. 中国新通信, 2019, 02.

[83] 任莉. 浅论大数据时代数字资源对智能电网发展影响[J]. 通信世界, 2018, 06.

[84] 牛强. 面向智能电网应用的电力大数据关键技术[J]. 科技资讯, 2017, 17.

[85] 雷娟. 智能电网与信息安全控制研究[J]. 广东科技, 2013, 20.

[86] 刘琦琳. 智能电网的现实演义[J]. 互联网周刊, 2008, 07.

[87] 陈常晖. 面向智能电网应用的电力大数据关键技术[J]. 电子技术与软件工程, 2018, 23.

[88] Pei Li, Yi SHEN, Faisal SAHITO, Zhiwen PAN, Xiaohu YOU. BS sleeping strategy for energy-delay trade off in wireless-back hauling UDN[J]. Science China (Information Sciences), 2019, 04.

[89] Kaichuang Wang, Pei Li, Fei Ding, Zhiwen Pan, Nan Liu, Xiaohu You. Analysis of Coverage and Area Spectrum Efficiency of UDN with Inter-Tier Dependence[J]. 中国通信, 2019, 03.

[90] Lu Lei, CHEN Yan, GUO Wenting, YANG Huilian, WU Yiqun, XING Shuangshuang. Prototype for 5G New Air Interface Technology SCMA and

Performance Evaluation[J]. 中国通信，2015，S1.

[91] TAO Yunzheng，LIU Long，LIU Shang，ZHANG Zhi. A Survey：Several Technologies of Non-Orthogonal Transmission for 5G[J]. 中国通信，2015.

[92] Vehicle-to-grid power fundamentals：Calculating capacity and net revenue[J]. Journal of Power Sources，2005.

[93] C. C. Chan，K. T. Chau. Modern Electric Vehicle Technology. 2001.

[94] Zhenyu Yang，Shucheng Yu，Wenjing Lou，Cong Liu. Privacy-Preserving Communication and Precise Reward Architecture for V2G Networks in Smart Grid. Smart Grid，IEEE Transactions on，2011.

[95] Paillier P. Public-key cryptosystems based on composite degree residuosity classes[J]. Advances in Cryptology，Eurocrypt99，1999.

[96] Yevgeniy Dodis，Bhavana Kanukurthi，Jonathan Katz. Robust Fuzzy Extractors and Authenticated Key Agreement From Close Secrets. IEEE Transactions on Information Theory，2012.

[97] Samet Tonyali，Ozan Cakmak，Kemal Akkaya，et al. Secure data obfuscation scheme to enable privacy-preserving state estimation in smart grid AMI networks. IEEE Internet of Things Journal，2016.

[98] Wang Huaqun，Qin Bo，Wu Qianhong. TPP：Traceable privacy-preserving communication and precise reward for vehicle-to-grid networks in smart grids. IEEE Trans on Information Forensics&Security，2015.

[99] VALSERA-NARANJO E，SUMPER A，LLORETGALLEGO P，et al. Electrical vehicles：State of Art and Issues for Their Connection to the Network，2018.

[100] LIU C，FAN J，BRANCH J，LEUNG K. Toward QoI and Energy efficiency in Internet-of-Things Sensory Environments. IEEE Transactions on Emerging Topics in Computing，2014.

[101] MAHMOUD M，SAPUTRO N，AKULA P. Privacy preserving Power Injection over a Hybrid AMI/LTE Smart Grid Network. IEEE Internet of Things Journal，

2017.

[102] ZHANG Yinghui, ZHAO Jiangfan, ZHENG Dong. Efficient and Privacy-aware Power Injection over AMI and Smart Grid Slice in Future 5G Networks[J]. Mobile Information Systems, 2017.

[103] Fangwen Fu, Ulas C. Kozat. Stochastic game for wireless network virtualization[J]. IEEE/ACM Transactions on Networking (TON), 2013.

[104] N. M. Mosharaf Kabir Chowdhury, Raouf Boutaba. A survey of network virtualization[J]. Computer Networks, 2009.

[105] Nick McKeown, Tom Anderson, Hari Balakrishnan, Guru Parulkar, Larry Peterson, Jennifer Rexford, Scott Shenker, Jonathan Turner. Open Flow[J]. ACM SIGCOMM Computer Communication Review, 2008.

[106] Byung Woon Kim, Seong Ho Seol. Economic analysis of the introduction of the MVNO system and its major implications for optimal policy decisions in Korea[J]. Telecommunications Policy, 2007.

[107] G White Paper. 5G Radio Access: Requirements, Concept and Technologies[Z]. DoCoMo, 2014.